原型食物煲湯料理

發揮食物營養力，
元氣顯瘦、滋養身心的 53 道溫暖湯品

Lowlee

—著—

CONTENT

Chapter 1	走進煲湯的世界，用食物的力量重拾健康

Chapter 2	呵護自己的私房煲湯

Chapter 3　不知不覺變漂亮的美顏煲湯

消除水腫、排除濕氣的顯瘦煲湯

寵愛自己、綻放美麗的療癒煲湯

調理情緒、安定自我的理氣煲湯

Chapter 4　趕走身體小毛病的原味煲湯

告別失眠、改善睡眠品質的好眠煲湯

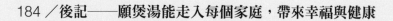

改善多年濕疹的湯療之旅

　　和 Lowlee 老師的緣分，始於某一次健康節目的錄影。在節目上，我分享困擾已久的濕疹，當時的我，攤開掌心和腳底，就是一灘又紅又濕的可憐皮膚，而且奇癢無比。Lowlee 老師看到我的狀況，現場和我交換聯絡方式，寄湯包讓我調養。於是從來沒有喝過煲湯的我，開始了「湯療」旅程。

　　每一款湯的口味不相同，不過味道皆極好。經過兩到三小時的煲煮，食材的營養和豐富的氣味已經完全釋放到湯水裡頭，就算只喝湯、不吃料，仍然可以攝取全鍋養分精華。其實煲湯真的不難，只要把食材洗乾淨，放到鍋子裡，煲煮一定的時間就完成了。重要的是能不能持之以恆，每天早晚都喝湯，並且給身體足夠的時間運化一切。

　　持續喝了半年左右的煲湯，我的手腳終於不再長又濕又癢的疹子，接著，一個天大的驚喜出現——寶寶來報到了！我一直覺得，寶寶似乎在等一個時機，等待住進調理好、最舒適的房間裡成長。而從懷胎到坐月子期間，我仍然繼續喝煲湯，用這個簡單的方式保養身體。

　　我也將自己調理的經驗分享在社群媒體上，意外的發現有濕疹困擾的朋友還真不少，許多朋友也加入煲湯養生的行列，並且開心的分享成效。我的寶寶也非常愛喝湯，不知道是不是因為還在我肚子裡時，就養成這個習慣呢？

雙語主持人／劇場、影像演員　柯念萱　柯念萱

一碗湯，
讓我開始正視身體的聲音

　　人生中第一次被一碗湯給擊沉，就是 Lowlee 老師的湯帶給我的神奇體驗。

　　現代人的生活繁忙緊湊，我也因為從事表演工作的型態，常常得早出晚歸。日積月累下來，其實身體無形中累積了很多疲勞，過了三十歲之後，開始有一些大小不斷的毛病找上門來，但自己也很鐵齒，總是不以為意。一直到喝了老師的湯，那天晚上身體好像被啟動了一個修復機制，強迫關機昏睡了一整天，才驚覺原來自己已經累積了那麼多的疲勞。

　　喝 Lowlee 老師的湯，是很特別的經驗。看起來很平凡的一碗湯，其實是用自然的方式去帶出食物特性，用食補的方式，配合節氣時令去療癒我們的身體。身體在接受食療的過程中，慢慢地變得更健康強壯，而這樣的效果，遠遠超過任何化學的藥品或者營養補品。

　　很開心看見老師出書了，很誠摯的推薦這本作品。期待，順應節氣、時令的食補觀念，可以推廣到更多角落與不同的人分享！

「阮劇團」藝術總監　汪兆謙

好評推薦

節氣飲食暖胃又養身，零廚藝也能煲鍋靚湯。

—— DJ 咖啡糖賢齡

順應四季節令，讓我們透過原型食物的神奇力量來療癒我們的身心靈！
推薦此書。

——居家長照營養師　林俐岑

用喝湯的方式，輕鬆的將食材最真實的營養吃進身體中，最適合注重家
庭健康以及受食慾、牙口影響的朋友，喝湯煲健康！

——知名營養品公司首席講師、營養師　陳琳臻

我是 Lowlee 煲湯的受惠者，全家人都愛喝原型食物煲湯，輕鬆上手，煲好湯，煲健康。

　　　　　　　　　　　　——三立電視台「健康有方」主持人　楊月娥

細膩的食材搭配，以四季為基礎的旬食，一碗加了感情的煲湯。

　　　　　　　　　　　　　　　　　　　　　——嘖嘖的料理手帳

所謂「藥補不如食補」，與其相信網路上的來路不明的假藥，不如在家自己煲湯更健康。

　　　　　　　　　　——臺北市立聯合醫院仁愛院區中醫師　謝旭東

與我一同感受
原型食物與煲湯料理的力量

　　你相信一個人的個性會造就一個人的命運嗎？我其實也是活到這個
年齡階段才深深體悟與感觸良多。

　　我是個很容易「相信」的人，這個「相信」給我許多驚喜與驚訝，
驚喜往往是幸福的，可以得到預期外的好結果；而驚訝有時會帶來預期
不到的傷痛。所有事物都沒有絕對的對與錯，也沒有好與壞，完全在於
你用什麼樣的態度與心境去看待，雖然有時期望越高帶來的失望越大，
但這也是我們在人生道路上要去學習的成長之路。

　　對於「相信」，我在逝去的老公身上體悟最多。他是位只相信眼前
所見的人，並不信鬼神之說，但有趣的是，如果問他的信仰，他會說：
他是基督徒，因為家人是基督徒。從小被爸媽帶去受洗，所以他是被
「冠上」基督徒的名號。但要他禱告或冀望他講些請求上天幫助的話，
他會說：除非祂顯現在我面前，不然我不會相信有這種物種的存在，這
是無稽之談。

　　但你說他過得好不好呢？在我看來也挺好的，因為他相信「人」，
他理解「疑人不用，用人不疑」的道理，加上他很善良，對於人或動物
都有同理心與行動力去幫助弱勢。可是也因為這樣的性格，當他生病有
難時，許多朋友伸出援手，提供各種治療的方法，單純的我，還是誰都

信，誰的方法我都想試試，而他卻不是。他不要麻煩任何人，因為他認為這是自己闖出來的禍，自己自負盈虧，所以他選擇相信醫院，因為檢驗的數字會讓他知道如何掌控病情與人生。其他人給的方法，對他而言都是「怪力亂神」之說。所以我能做的，就是陪伴在他的身邊，用煲湯飲食陪他度過化療時期，讓他可以從食物中得到營養，有足夠體力去對抗那些病痛。

經營「Lowlee 煲湯」至今，感謝定期收看粉絲專頁的每位湯友，謝謝你們對我的關注與相信，促使我不斷的努力與成長，持續帶給湯友們幸福感。我相信有利用煲湯養身的湯友，現在的幸福感一定有逐漸增加，如果有來上過我的課，感染到幸福煲湯的湯友，應該都活得更加精彩了！這是生活帶給我的自信，是相信帶給我的，是愛帶給我的，所以將這些幸福分享給所有人。

當初選擇以健康作為終身的事業，雖然得到許多共鳴，但是也會碰到許多朋友或是客人對於傳統方式的質疑。我的煲湯事業雖然看似傳統，但是也加入了許多科學辯證的因素，配合現代人（東方人）的體質所設計的。並且這些資訊（比如說原型食物，或是煲湯的飲食方式），往往也可以從各種方式得到實際的佐證，健康飲食方式很多，再加上網路世界中資訊氾濫，我的原型食物煲湯只是希望大家有更適合自己的選擇（比如說為什麼早上一定要一杯咖啡，而不是一份營養的煲湯）。

我要分享一位因為相信我，讓自己各方面變得更美的人－－柯念萱，我和她是在參加三立電視台「健康有方」節目錄影認識的，當時在節目中分享祛濕煲湯養生，她擔任特別來賓。因為長期受濕疹困擾，當時將雙手攤開給攝影機看時，我嚇了一跳。這麼漂亮的混血女明星，怎麼可以容許自己的皮膚變成這樣呢？一下節目，立刻找她私聊，我跟她說：想幫妳把手腳濕疹問題給調理好，妳願意相信我嗎？（真的就只講了簡單的一句話）她睜大眼睛對我開心地笑說：好啊！我頓時驚訝，她

竟然願意相信第一次見面的我耶！！毫不猶豫的互換聯絡方式，約了下一次見面時間。

　　至今我還是很謝謝她願意相信一個陌生人，讓我更加自信將她對我的「相信」化成動力，用心調理她。跟她約見面後，除了彼此好好自我介紹外，我開始了解她的飲食習慣與生活作息模式，因為除了天生體質問題外，這絕對是造就今日的她的因素。了解後，便開始從她的飲食與生活習慣一一分析給她聽，幫助她了解自身狀況，再開始給予她建議。

　　我總說：佛家常講的「修行」是什麼呢？就是修正自己的行為！當你改變以往的舊習，正視自己的問題，身體就會有反應，給你修正的反應，給你變好的反應，培養出好的互動，自然就有健康的身體。

　　念萱聽完我的解說後，便立即開始執行我給予的飲食建議與生活模式。在進行的每一週，我都會主動關心並鼓勵她，她也照著我的指示，開始煲湯生活與改變飲食，大約兩個月左右，她手掌心的濕疹開始結痂，接著泛紅並長出新的皮膚，完全靠飲食與改變生活模式，改變了她的體質與皮膚問題。

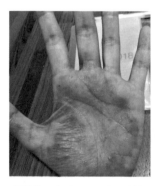

喝湯後二個月，濕疹開始慢慢結痂。

結痂後皮膚微微泛紅，不再長出濕疹。

喝湯調理了兩年，至今不再有濕疹、皮膚光滑。

調理三個月左右，四肢已經不再發疹了，至今已經過了兩年，也生了一個孩子，都沒有再復發！除此之外，她還驚訝自己變瘦了，身體變輕盈了，這是「改變」帶給她的附加價值，因為代謝變好了。

　　其實念萱是一個非常單純又真實的人，藉由調理的過程，我也得到了一個很真的妹妹。從她一開始使用各種方法卻沒辦法解決濕疹的問題，藉由原型食物煲湯和健康的飲食，不但長久濕疹問題解決，人變得更美，最後也順利的生了寶寶。我感謝她的信任跟上天賜與的緣分，因為飲食改變健康是需要長久的時間，在現代忙碌緊湊的社會裡，信心往往是最重要的因素。健康絕對不是一蹴而成，如果沒有信心，那會在幾個月裡面就轉而放棄，但是往往也失去了最重要的健康，沒有了健康，也就失去人存在最重要的幸福感，讓「相信」也成為你的力量吧！

　　謝謝打開這本書的朋友，願意相信我、跟我一起用煲湯來改變自己的健康，讓自己變得更好！願大家都能用煲湯料理豐富美味你的生活。

謝謝念萱當初相信我，因為煲湯料理，也牽起了我們的友誼。

Chapter 1

走進煲湯的世界，
用食物的力量重拾健康

生命長短無法操控在己，
但我們可以選擇有益健康的生活方式

用煲湯，
緩解先生化療的不適

我若不是遇見我老公，我這輩子應該不會接觸到煲湯，更不用說後來會發展出現在的煲湯事業。這一路走來的過程，彷彿像是冥冥中就安排好一樣，因為人生的重大事件，串起一個又一個的緣分，慢慢的引領過去的我走向現在的我。

凡是認識我們的人，應該都會覺得，再怎麼樣我先走的機會大許多，萬萬沒想到，先離開的人會是他。在眾人眼中，他是個非常活躍且生命力旺盛的人，而我則是因患有先天性心臟病，所以身體狀況時好時壞，常常無預警暈倒，從小到大已面臨多次生死交關，因此，就連我自己都覺得我可能會是先走的那一個。

當癌症來敲門

在聽到老公說他已經是肝癌末期，被醫生宣布只剩幾個月的壽命時，當下的我腦中一片空白，顫抖的問他說：「你在跟我開玩笑的吧？！只剩幾個月的壽命？」那時他還安慰我說：「放心，我會好好利用剩下的這幾個月，教會你所有在香港生活必須知道的事，讓你不會因為失去我而不知所措……」沒等他說完，我立刻去搜尋網路資料，想要了解肝癌有什麼方法可醫治，我不相信老公只能再活幾個月。

在知道他罹癌的那天起，我開始拚命的尋找各式各樣關於治療癌症的方法，親朋好友們也提供許多資訊，我們兩人走遍兩岸三地到處求醫，不論是中醫或西醫，甚至各式各樣的民俗療法都曾嘗試過，甚至還想去日本開刀。後來日本醫界友人跟我們說，全亞洲治療肝癌的權威就在台灣啊！何必捨近求遠？！於是我們又從香港回到台灣就醫。很幸運的，切除腫瘤的手術很順利，之後的調養就很重要了。

重新認識食物，積極正面的調理

因為當時老公的事業都在香港，因此在手術完休養一段時間後，我們回到香港定居。開始去香港友人介紹的私人中醫院學習中醫，學會了如何利用草藥來引出食物本身的療性，並了解如何在對的節氣吃對的食物，還有老祖宗傳下來的養生法。我也去學習氣功，藉由氣功的修煉調養自己的身體，幫助舒緩我老公身體的疼痛感；除此之外，認真的看待煲湯這件事，希望讓他每天都能喝到暖暖的美味熱湯，還能快速補充所需的營養。

每次陪老公去醫院做化療時，其他病友看到我們，都以為生病的人是我，因為他氣色看起來不錯，講起話來依舊鏗鏘有力，完全不像是生病的人，反而是在一旁的我因為受情緒影響而看起來病懨懨的。其他病友的家屬都覺得非常驚訝，紛紛來問我，到底給他吃什麼或是有什麼祕方，當時的我怎麼想都想不到有給他吃什麼特別的東西，而且每個人的身體狀況也不一樣，只能跟病友家屬分享說，「可能是我每天都煲一鍋湯給他喝吧！」現在回想起來，或許是我每天那鍋充滿「愛的煲湯」真的發揮效果，老公從被醫生告知只剩幾個月的生命，到他離世那天，又多陪了我三年，最後在家中，我的陪伴下安詳的離開了。

回歸正常生活與適切的飲食，找回身體能量

　　我想所有的癌症患者和家屬都曾經歷過的——被醫生宣告罹癌後，從不相信到接受事實，再接著到處尋醫問卜，試過許多不同的療法，最終選擇自己希望接受的方法與癌症共存，這些種種的過程，相信大家都差不多，但我和老公最後選擇的就是，「**遵照醫囑，讓生活一切如常**」，而我則是扮演家中最重要的角色，肩負起他的飲食照顧，用煲湯來撫慰因化療帶來的不適，及補充他身體需要的營養。

　　至今我仍不確定是否因這一鍋鍋的煲湯讓他的生命多延長了三年，但我相信當他在喝這些用原型食物來煲的湯料理時，也喝進了我滿滿的愛，或許是這樣的力量支持他走過那些與癌細胞共處的日子，也是這些煲湯幫助我把以往不懂得釋出的愛意，融進湯裡溫暖他的胃和身心。

　　對我而言，原型食物煲湯就是能療癒身心的料理，讓所有人都能從一碗煲湯裡獲得原型食物帶來的能量。對身體好的飲食要繼續吃，如果心裡面感覺滿足的話，身體各方面自然就會健康。因此，**節氣飲食結合煲湯的飲食法是我想要極力推廣的養生觀念**。我希望能藉由大自然的資源與原型食物煲湯來幫助更多人得到健康的身體，並能從我的故事中去體會健康的重要性。

香港乾媽與老中醫親授，
開啟了煲湯料理之路

會和煲湯結下不解之緣，起源於在香港認識的三位乾媽。她們不吝傳授我煲湯的訣竅，並用煲湯調理我當時殘破不堪的身體。只是當時的我只顧著喝好湯，乾媽的千叮萬囑我根本沒仔細聽，沒想到，之後在老公生病時居然會派上用場，只能說老天爺實在太眷顧我了，總是安排好心人出現在我身邊。

以往每年老公都會帶我到香港度假兼血拼，因為他對香港很熟，在到上海工作前已經在香港待過十年左右。有次，到香港的南丫島度假，在島上閒逛完便到一間海鮮餐廳吃飯。我們兩人叫了很多道菜，菜盤幾乎已占據整個桌面，兩人用餐桌顯然不夠，於是店家便將我們換位到較大的桌位，在大快朵頤的同時，沒想到引來隔壁桌三位阿姨的關注，她們看到我們才兩個人居然點了一桌子的菜，其中一位阿姨忍不住開口問道，「這麼多菜，你們兩個真的吃的完？」我老公用很流利的廣東話回她說，「吃的完啊，我老婆很會吃。」接著我像是要證明我們真的吃的完似的，跟店家要了好幾回的白飯吃。

三位阿姨看著我的反應皆忍不住笑了起來，接著話匣子一打開就聊開了，更不可思議的是，第一次見面就因為聊得很開心，她們居然當場說要認我做乾女兒，莫名多出了三位乾媽，不僅自己覺得意外，我老公

也很開心我多了三個媽媽，以後來香港不就等於回娘家了嗎？！

　　有了三個乾媽之後，來到香港的次數也愈來愈頻繁，大家的感情也更密切。乾媽們知道我身體不太好，常動不動就突然暈倒，因此每次去找她們時，總會輪流煲湯給我喝、讓我補補身體。

無法根治、只能和平共處的先天性心臟病

　　我這個無預警就暈倒的老毛病大約是在十九歲時開始的，有次在台北街頭的大馬路上突然暈倒，是路過的上班族送我去醫院掛急診，爸媽趕到醫院時我已經醒來了。醫生跟他們說，我可能是心律不整引起的，後來接受檢查也找不出原因，唯一可以確定的是，這是一種先天性的心臟病，何時會發作沒人知道，幾乎都是無預警的突然暈倒，但很快又自己醒來。

　　出社會後，長期在電視圈工作，每天從早忙到晚，但偏偏都不知道自己累，常常在開會時或是站在電梯裡人就忽然地暈倒了，也因此常撞得鼻青臉腫的。老公認識我之後，知道這樣的問題，對我可說是百般照顧、細心呵護，深怕我在他沒看到的地方又暈倒了。

　　有次在香港電影院看電影時，又莫名的突然暈倒，剛好頭靠在他的肩膀，他覺得不對勁，一把抱起我衝出電影院一路驅車直奔香港的瑪莉醫院掛急診。這次發病感覺非同小可，我在香港醫院接受更完整且精密的檢查，檢查後醫生說，會無預警暈倒的主要原因是，心臟某處的深層血管有萎縮的情形。當這血管一萎縮無法供氧，血液一缺氧，會瞬間失去心跳及呼吸，若身體變換成某些姿勢可助血氧通過血管，就會自動清醒過來。醫生又說，開刀或許可以解決這個問題，但是手術時間會很久且風險很高，因這萎縮的血管位在心臟很深處，是難度很高的手術。

　　聽完醫生的診斷及建議，我們回去討論了很多，決定不開刀，我想

若命中注定帶著這樣的病，就去順應它，不想為了它去動手術，畢竟手術難度太高，不確定性也很高。這件事情就這樣過去了，但老公也比往常更注意我的安危，要把我放在他眼皮底下才安心。

一直以來，我是個很投入工作的人，也很樂在其中，所以常常忘記自己有病在身，令自己身心透支卻渾然不覺。加上電視圈的工作沒日沒夜的，所以臉上常常掛著黑眼圈，皮膚狀況也不是太好，自從和老公在一起後，因為他的提醒加上乾媽們的煲湯調理，我的身體狀況確實好轉許多，在香港那次發病後，很長一段時間身體狀況都還不錯。

直到有次因為接到一個和國外大公司合作的案子，對方指定要我擔任導演及編劇，因為是難得可以大展身手的機會，所以全心的投入其中，卻沒想到在一次出席會議前，居然又在電視台的洗手間內暈倒。同事見我已過開會時間許久卻還沒出現，好像是去洗手間就沒有再出來，於是幾個女同事衝去洗手間找我，看到我衣衫不整的倒在廁所裡，又一次被緊急送往醫院。雖然很幸運的安然度過這次危機，但老公非常的自責，覺得他不應該把這麼繁重的工作交給我，才會讓我又不知過勞的再次發病。

角色轉換，一肩扛起照顧家人的責任

這次的發病，讓老公陷入深思，在我不知情的情況下他做了一個重要的決定——把上海的公司結束掉，舉家遷居香港，重新創業改做貿易，要遠離電視圈。選擇香港除了因為他之前建立的人脈資源外，還有疼愛我的三個乾媽在。雖然他在決定這些事的過程中，並沒有先和我討論，但因為我知道他做的所有決定都是為了我及這個家好，所以我非常信任他，加上這次暈倒確實不同於以往，他語重心長的跟我說：「你的身體已經不適合繼續待在電視圈工作了，一起離開吧。」於是，大約兩

年輕時工作繁忙，生活作息混亂，導致皮膚粗糙、滿臉痘痘。

在三位香港乾媽的煲湯調理後，皮膚變得光澤、氣色紅潤、痘痘也都消失了。

個月後，就搬到香港展開新生活、新事業。

　　老公在香港重新創業後也是做的風生水起，因為他本來就是個能力很強的人，不管做什麼事業都會成功。當在香港的新生活及新事業日漸上軌道之後，原本以為日子可以就此順順的過下去，沒想到真正殘酷的劇碼才正要上演。

　　一如往常，每年我們回台灣過年時，在長輩的堅持下，一定要做完一年一度的全身健康檢查，他們才安心。二〇〇七年，老公被檢查出肝癌末期，那年他才四十三歲。一開始他還不敢告訴我，直到我們回香港，他把接下來的事都安排好後，才告訴我這個事實。那時我才意識到

過去的自己有多疏忽他的健康，以為老公是金剛不敗之身，永遠在我身後保護我，殊不知癌細胞早已悄悄侵蝕他的健康。

得知老公罹癌後，我下定決心研究和癌症相關的一切，翻遍了所有跟癌症照護有關的書籍，發現所有書的相同論點就是——改變飲食和作息。因此，我們從早睡早起做起，謝絕一切應酬，我也很認真的料理他的三餐及生活起居。前半生是他呵護我，後半生應該換我來照顧他了。

跟著老中醫學習食療法

在朋友的介紹下，我認識了一位香港老中醫，初次見面老中醫就說要幫我把脈，我跟他說其實我是想來問問我老公是否還有方法可醫？老中醫回我說：「你們既然是夫妻就是氣味相投，而且一家人基本上體質不會相差太多。」所以藉由幫我把脈，間接了解我老公，接著他又說，「其實你老公擔心你勝過他自己的病情，你現在心慌意亂的，對你老公的病情反而沒幫助，要先把自己穩住，這樣你才有能力照顧他。」接著他又很準確的講出老公的身心理狀態，但他其實沒見過我老公，因此我感到非常的驚訝，老中醫看我神色不定，便又說，「你有空可以來跟我學中醫，我教你怎麼調理你老公的身體。」於是，我決定學習中醫養生法，希望能幫助老公調養身體。

學了中醫後才知道，我似乎有這方面的天賦才能，就是我的感知及嗅覺很敏銳，每當課堂上訓練大家矇眼觸摸及嗅聞草藥時，雖然我是中途加入課程的學生，沒辦法很準確的說出草藥名稱，卻能很精準的描述出草藥的味道，及抓著草藥時手裡所感受到的訊息，中醫老師父還讚許我有中醫師需具備的能量。在這個過程學會利用草藥結合煲湯的食療法，運用適合的草藥將食材中本來就具有的療效引出來，如此喝下這碗湯的人，就能得到所需的養分，也能增強體力，溫和的改善體質。而且

據老中醫的說法，真正好的中醫師是能將中藥配的恰到好處，讓吃下去的人覺得舒服溫潤。

煲湯不是藥湯，而是人人都可以享用的料理

因為對煲湯已有一些心得，若是能把從中醫學到的知識結合美味煲湯，或許能讓老公在飲食方面多一些選擇及好處，癌症病患常常食不下嚥，無法攝取足夠的營養去對抗病魔，而原型食物煲湯能將食材融入湯中變得比較好入口，吸收營養也會比較快速。

很多人有個錯誤的觀念，以為在煲湯中放入中藥材就變成一碗藥湯，擔心不適合所有家人食用。**其實我的原型食物煲湯採用的食材都是依照季節適性，搭配適合各種體質的人食用，最主要的功效是引出食材本身的養分**，例如，肝臟有狀況時會想到吃豬肝，若是在煲豬肝湯時加入一些夏枯草，不但以形補形，還達到降肝火的效果，但其實這和中醫開立的中藥處方完全是兩回事，純粹就是讓吃下去的人能吸收更多來自食物的養分。

中醫認為吃對食物非常重要，因為人的五臟六腑會形成一個人的個性，尤其胃是與情緒有關的臟器。因此吃對食材，養好胃就能常保心情愉快，情緒穩定的人身體也會比較健康。另外，根據節氣來吃相應的食物，也是老祖宗流傳下來的珍貴智慧，道理在於人也是大自然的一份子，我們的身體運作和自然運行與世間萬物密不可分，所以本書第六章節的節氣飲食，是我在推廣原型食物煲湯養生之外，也很推崇的觀念。

學習氣功，
意外開啟感知力

我們去拜訪氣功師父時，初見我們夫妻，便從頭到腳把我們兩人身上的病癥詳述一遍，他的雙眼彷彿像透視眼般一眼就看穿我們的體內存在什麼問題，沒有任何停頓且精準的命中，我像是被雷打到般的無法承受。因為氣功師父說的實在太準確了，準到令我感到害怕，更令我不想接受的是，他說我老公已病入膏肓沒救了，但他說可以讓他走的舒服一點，至於我，他說我的心臟問題還有救⋯⋯。

在老公癌症化療期間，除了學習中醫之外，也接觸了氣功。我的氣功師父是一位在學習辟穀養生法的朋友介紹認識的，聽這位朋友說，有很多癌症患者跟著這位氣功師父學習辟穀養生法後，身體狀況有好轉，因此推薦給我們。

初次見面，就因為氣功師父毫不客氣、血淋淋的直接宣告我老公時日不多，讓我痛徹心扉想奪門而出，但在我身旁的他似乎沒有想要離開，一副想要和氣功師父多談談的樣子，因為他想知道師父會如何幫助我的心臟老毛病。之前遇過很多奇人異士，但老公都不信這些，唯獨對這位氣功師父的話，看起來很信服。

我從一聽到他說老公沒救了之後，就一直哭泣無法鎮定下來，氣功師父便問說可否摸摸我的背，接著便把他的手放在我的背上幫我順氣，

頓時我感覺到一股暖流流入體內，瞬間整個人安定了下來，也停止哭泣了，原先很想離開的念頭也消失無蹤。接著我又聽到我老公問氣功師父說：「所以你有把握可以處理我老婆的心臟問題？」師父回說，「沒問題，不用讓她去開刀。」

練習氣功，體會身體與大自然的關係

我們回到香港後，便按照氣功師父說的話一一去做，才第三天我就發現老公的精神狀態看起來比以前好很多，我把這些情況回報給師父。過陣子氣功師父問我說，要不要跟他學氣功，學會後也可以幫助到我老公，於是又飛到廈門去找師父。這套功法其實很簡單，氣功師父傳授我之後，就可在家自己練習，有任何問題再打電話問他即可。

在練功的過程中，我因為是個想法簡單，容易「相信」的人，勤快地練功，日漸感受到身體與大自然的關係與奧妙，體會到何謂神清氣爽與自身能量的存在，且每次練功完除了感到通體舒暢，透過師父的引導，也有些靈性的啟發與對事物的領悟。漸漸地我也把這些自身的能量應用在照顧老公的最後一些日子裡。當老公身體不舒服時，我便把手放在他覺得痛的地方，運用自身能量幫助他減緩疼痛感。很幸運的，我老公在人生最後的階段並沒有太痛苦，那些癌症患者臨終前可能經歷的撕心裂肺之苦，並沒有發生在他身上，他很安詳的離開人世了。

透過練功，安定心神、重拾生活

接下來我要面對的，就是沒有老公的日子。我強打起精神回到工作崗位接續他留下來的事業，以為讓自己忙一點，會好過一些。但沒想到，其實我的狀況一點都不佳，常常莫名其妙的哭起來，也常常一個人

對著空氣自言自語，不自覺說出，「老公你覺得這樣做好嗎？」「你覺得怎樣？」……，但回過神來，卻只有我一個人，其實當時精神狀況不太好，卻沒有自覺，直到某天半夜裡響起來的一通電話。

打電話來的人正是我的氣功師父，他從來沒有在半夜裡打電話來，語氣裡透露出一股不尋常的氣息，不等我開口，就直說：「你知道你老公很擔心你嗎？你再這樣下去，他要怎麼放心的離開？哭吧！放聲哭出來！哭出來就讓它過了吧！」說完我真的憋不住情緒大哭了……。

半夜裡的這通電話，讓我意識到，從老公離開後，根本就沒有好好認真面對沒有他的人生，一直沉溺在有他陪伴的日子。我得把自己照顧好，他才能放心的去到另一個世界，更何況我還有個女兒要照顧。我開始按照氣功師父的建議，每天練功，在練功的過程中，漸漸的把心神安定下來，也讓自己的生活真正的回歸正軌。這次在沒有老公的安排下，自己做了人生中一個重要的決定，決定把老公的事業全權交給合夥人，放棄一切回到台灣從零開始，再次重啟人生。

回歸自然飲食，
用煲湯料理重拾健康

我開始思索煲湯教會我什麼，就是「健康」二字啊！如果早一點體會到煲湯要告訴我的事，或許最愛的人就不會離開了。把自己這一路上學習到的東西，「原型食物煲湯—中醫—氣功—健康」，全部串連起來，讓我不得不佩服古人的智慧，原來所有的智慧都是可以互通並應用，而最後的目的就是讓人回歸自然，自己掌握健康。

二〇一二年回到台灣後，我開始思索能做什麼？因為老公之前的打拚，讓母女的生活無虞，但我天生就是閒不下來的人，總是要給自己找點事情做才行。某天，在煲湯給閨蜜喝的時候，她喝著湯跟我說：妳那麼會煲湯，怎麼不好好跟大家分享。我才突然想起來，當初老公不就是利用煲湯來引誘我這個愛吃鬼心甘情願跟著他到香港，從那時候起，煲湯早就默默的融入我們的日常生活中了。

由於女兒和親友對我的煲湯皆讚不絕口，加上閨蜜的鼓勵，要我開課教授原型食物煲湯，這才開始認真思考，煲湯是否能成為我的新事業呢？我開始試著在網路上分享，也獲得很多網友的回應，紛紛敲碗求開課，於是，我的原型食物煲湯推廣之路就這樣展開了。

為別人煲湯前，先學習為自己煲湯

在課堂上除了分享煲湯和健康觀念之外，我也跟學員們分享一些人生經歷和從中學習到的智慧。通常第一堂課，我都會先觀察學員們的氣色，常發現有人需要靠吃安眠藥才能入睡，有人可能有憂鬱症或恐慌症等。當點出他們身上的問題時，學員們不禁大吃一驚，問我怎麼會知道，其實我就是經由「觀色」去感知的，因人的氣色和外表很容易就可以看得出其內在問題，雖然這些可能並非身體上直接的病痛，但仍然需要去關注。因此，來上我的課一定要學會的一點就是——先認識自己的身體及心理狀態。

常常看到來上課的女性學員，明明年紀輕輕，看起來卻已是一副黃臉婆的模樣，我常忍不住叮嚀她們，一定要「把自己照顧好才有能力照顧家人」。女性是一個家中重要的靈魂人物，如果沒有把自己照顧好，怎麼有影響與照顧他人的能力呢？就算把所有的煲湯技巧都學會了，但若自己看起來還是一臉菜色、每天心情鬱悶，試想她煲出來的湯，家人會覺得好喝嗎？會想要去喝嗎？就算硬逼小孩、老公喝，他們有可能覺得不習慣而不領情。

所以，女性朋友一定要先把自己照顧好——用心煲出來的湯，自己先喝一碗，讓自己吃得好、睡得好，每天開開心心的，這樣才有能力去幫助人，這是我從氣功養生法中體悟出來的道理。當你容光煥發、心情愉快，並懷著滿滿的愛煲出來的湯，便會具有療癒身心的能量，不用你催促，就可以看到老公和小孩自動自發坐在餐桌旁，等著要喝你煲的湯。

隨著四季變化，品嘗原型食物煲湯

　　另外，我也常在課堂上分享自然養生法，即是古人的節氣飲食養生——隨著四季變化，依循氣候對應到身體所需的養分，並藉由食用當季食材獲取營養。學員可將這些觀念融會貫通到每日的飲食料理中，就能更全面的照顧家人的健康。

　　學員們也很常給我正向回饋，像是長年以來一直備感困擾的濕疹竟然完全消失且不再復發；或是痘痘少了、皮膚變好，氣色更明亮；也有人是精神變得更好，不會動不動就覺得累；有人則是家裡有病患因吃不下任何東西，卻能藉由煲湯獲得營養與力量……。這些都令我覺得從事健康養生煲湯事業是正確的決定，也鼓勵我繼續開發更多不同的煲湯料理配方。

　　人生中有許多事都是突然間就發生，來得很快常令人措手不及，就像當初我突然得知老公罹癌的消息，心慌意亂好一段時間，受到許多貴人的幫助才慢慢讓自己穩定下來，現在我也想幫助和我有同樣遭遇的人，能藉由我的故事得到一些啟發，至少在第一時間知道要把自己穩住。更希望的是，讓原型食物煲湯出現在更多家庭的餐桌上，每天一鍋愛的煲湯，就是幸福健康的所在。

零廚藝的煲湯料理

每當有新湯友加入我的煲湯課時，看得出他們對於煲湯是既期待又擔心無法煲出好湯頭。其實煲湯沒有手藝可言，重點在於備料的觀念與心思，用心煲的湯，絕對是最好的湯頭，因為充滿愛的味道。

善用鍋具，煲出一鍋好湯

對於道地的廣東人而言，他們煲湯會以陳年瓦罐煨煮，效果最好。瓦罐是由不易傳熱的石英、黏土等原料，經過高溫製作，煲出來的湯頭滋味鮮甜、食材軟爛。坊間很多餐廳主打以瓦罐煨湯的方式吸引饕客上門，就可知其魅力了。

每種湯鍋都有獨特的作用，大家可以依照需求選擇你廚房的好夥伴，才能將你的魔法施展到最大。而煲湯也需要經驗值，沒有好壞之分，但隨著經驗的累積，煲湯的湯頭會日益變化，只要有心、有愛，你絕對也可以是煲湯高手，讓煲湯的精神意義更勝營養。

一般人如果要在家裡煲湯，可以選用以下鍋具，這些都是我個人使用過後，覺得便利又能煮出美味的好用鍋具：

1. **砂鍋**：氣孔較小、鍋口大，散熱快。用於煲湯時，會建議煲煮 2 小時以內的湯品，並將氣孔堵上，以免水氣揮發而湯水量變少。

2. **陶鍋**：獨特的材質可讓食物受熱平均，煲出來的湯頭也相當美味。一

般由陶土燒製而成的鍋具都叫陶鍋，而砂鍋是使用陶土再加入「砂」製成，所以也算是陶鍋的一種。熄火後能利用餘溫繼續加熱、保持熱度，是其優點。

3. **不鏽鋼湯鍋**：堅固耐磨，如果你和我一樣是較大而化之的人，建議家裡一定要有個厚實的不鏽鋼鍋，絕對實用無比。

4. **壓力鍋**：能在短時間內迅速將湯品煮好，營養卻不被破壞，適合煲煮質地有韌性、不易煮軟的食材。使用壓力鍋需注意，食材放入高度不能高於水位，以免無法煮熟、影響風味。

5. **燜燒鍋**：適合煲煮較不易煮熟、煮爛的食材，像是肉類、豆類、糙米等湯品。利用悶煮方式，使食材熟透，可以保留食物營養。

煲湯的製作與飲用重點

一、煲煮時，切忌攪拌

如果大家詳閱後面所介紹食譜，就可以發現當我在製作煲湯時，一旦將食材放入鍋中煲煮後，完全沒有開蓋攪拌的動作，這是為什麼呢？因為當攪拌時，空氣會進入湯水中，使食材快速氧化，不僅影響風味，營養價值也會流失。所以煲湯時一定要記住：不能攪拌！從這個角度看來，大家應該就可以明白，為什麼我會稱煲湯是相當省事又零廚藝的料理了！

二、吃飯前，先喝湯

所謂「飯前先喝湯，不用醫師開藥方」。很多人習慣邊吃飯邊配湯，甚至是用湯泡飯，這樣的飲食方式都會對腸胃造成不好的影響，長期下來，甚至會影響胃部疾病。

飯後喝湯，容易攝取過多熱量，導致營養過剩，造成肥胖。另外，喝下的湯會把原本已經被消化液混合的食糜稀釋，影響消化吸收。所以飯前先喝湯比飯後喝湯健康，還有減重效果，而且是要純喝湯，暫不吃湯料喔！將湯料留到飯中再食用。如果外食沒有湯水可以飲用時，也建議先喝杯常溫水滋潤腸胃再進食。

有些媽媽們為了讓孩子願意吃飯，讓孩子養成湯泡飯的習慣，不過在我家，寧願讓女兒餓著別吃，也不願妥協讓她依賴湯泡飯。也因為從小這樣的飲食習慣養成，女兒現在長大了，也從來沒有過敏性腸胃問題，這也讓我感到自豪。

三、保存時，需將湯料分開

如果煲湯料理當天沒有食用完畢，需將湯料與湯水分開保存，以免食材在湯裡繼續氧化，影響風味與口感。

四、煲湯是料理，不是補藥

很多人會問我，適合喝某款煲湯嗎？或是擔心喝湯的時間點，會產生不好的效果嗎？其實大部分的煲湯人人都可以安心食用，不論當早餐，或是下午茶來碗溫熱的湯水，都可以隨時滋養自己身心，除了有些較利尿的湯水不適合做為宵夜食用。而添加的中藥材，主要是引出原型食物的營養，發揮更好的食療作用，所以我很鼓勵大家能將煲湯成為餐桌上的料理。

Chapter 2

呵護自己的
私房煲湯

為家人煲湯前，先懂得為自己煲湯

在台灣推廣煲湯飲食文化約四年多，來上課的學員大多是女性，但不管男性還是女性，課後問的問題，幾乎都不是為了自己，而是為了家人。

女性同學的問題大多為：我家孩子有過敏性問題，要如何調理？我的孩子腸胃很差、胃口也不好，要如何改善？小孩在發育期可以多吃什麼？來上課的男性湯友，則是想學習煲湯給另一半驚喜，或是想給女兒補補身體，男人認為煲湯比做飯簡單！

然而不管是男性或女性，我都說：「請先照顧好自己吧！」先了解自己、滿足自己的需求。如果自己都搞不定自己，如何照顧他人？孩子的身心來自原生家庭的基因與氛圍，如果陪伴孩子成長的人本身就不是自律的人，如何要求孩子營養均衡、早睡早起的生活教育？如何感染孩子健康快樂的氛圍？如果本身有慢性病或習慣抱怨，情緒不易穩定，我想也不是個懂得製造快樂的人。

我曾經是個以工作為重心，家庭為輔的人。後來遇見一位愛我勝過愛他自己的人時，透過與他生活，看到他的人生觀與生活方式，讓我漸漸學習到什麼是「愛」！因為經歷過、也曾失去過、遺憾過，所以我開始認真看待周圍的人事物，認真看待自己，深深了解到唯有先把自己過好，與我一起生活的人自然而然也會好。

當決定回到台灣重新開始時，因為珍惜和女兒的相處時光，每天繼續用煲湯滋養著我和她，讓她看到「媽媽」的樣子，而不是只是一個永遠在電腦或電話前忙碌的工作狂。當學習經營家庭生活，這也才發現，原來我沒有失去過女兒的笑容，我和她的兩人世界，也可更加豐盛。所以我總是會不斷的提醒我的湯友：**先學會愛自己，珍惜擁有的，好好為自己煲湯，再為家人煲湯吧！當自己開心喝湯、散發光采，家人自然而然就會被感染。**

花生豬尾美胸美肌湯

　　這是款看起來很濃郁、喝起來帶有膠質感的湯品。開鍋瞬間可以聞到花生與眉豆散發出來的香氣，入口時香滑順口，讓人不自覺想要一口接一口。多喝這道湯品，皮膚就會變得更加滑順，好像幫身體擦上了乳液一樣。

　　豬尾巴，顧名思義就是豬的尾巴。含有豐富的蛋白質和膠質，除了有豐胸效果，對身體的筋骨也有益處，是廣東人喜歡的煲湯食材之一。

材料

食材		乾料	
豬尾	1 條	眉豆	30 克
雞腳	5～6 隻	紅皮花生	30 克
紅蘿蔔	1 條	紅棗	5～6 顆
薑	2～3 片	蜜棗	2 顆
		陳皮	1 片

作法

① 豬尾切段，再與雞腳、薑一同汆燙後，撈起備用。

② 紅蘿蔔不去皮，洗淨後以滾刀切成大塊狀。

③ 將其他材料洗淨後，連同步驟 1、2 食材放入鍋內鋪平，加入 3000ml 的清水，大火滾開再續滾 20 分鐘後蓋上鍋蓋，轉小火煲 3 小時後關火，再悶 30 分鐘加鹽調味即可食用。

青紅蘿蔔豬骨湯

　　這款湯品是我的香港二乾媽教我的，她說這是戶戶都會煲的家常湯，尤其天氣變熱之際，有清熱解渴的作用，湯水清甜是全家大小都會喜歡的湯品。

　　這道湯品含有豐富的營養，包括含有維他命 A、B1、B2、C 的紅蘿蔔，可以調整腸胃，降火氣；消暑祛濕的玉米；潤肺補氣的蜜棗；止咳的南北杏等。

份數	3～4 人份	烹煮時間	2 小時 40 分鐘	喝法	飯前以純喝湯水為主，飯中可與湯料共進

材料

食材

豬排骨	1 斤
豬大骨	2 根
青蘿蔔	1 條
紅蘿蔔	1 條
玉米	1 條
荸薺	6～8 粒
鹽	適量

乾料

蜜棗	2 顆
無花果	4 顆
南北杏	30 克
陳皮	1 片

作法

① 紅蘿蔔、青蘿蔔不去皮，洗淨後以滾刀切成大塊狀。

② 玉米去除外殼洗淨後切成大段；荸薺洗淨去皮，切成對半。

③ 豬排骨、豬大骨與薑一同汆燙，去除血水後撈起備用。

④ 將其他材料洗淨後，連同步驟 1、2、3 食材放入鍋內鋪平，加入 3000ml 的清水，以大火滾開後撈出渣沫，再蓋上鍋蓋以小火煲煮 2 小時後關火，再悶約 20 分鐘，開蓋加鹽調味即可。

Lowlee 老師的煲湯筆記

青蘿蔔在台灣較少見，可能較不熟悉。可至較大的傳統市場或農會市集，還是可遇見喔！

從中醫角度來看，青蘿蔔具有極佳功效，像是開胃健脾、清熱解毒等。大家常說「冬吃蘿蔔，夏吃薑」，冬天產的青蘿蔔也最好吃。冬季如果覺得要感冒了，可以試著邊吃青蘿蔔邊喝熱茶，會有所改善喔！

黑白蒜花膠養顏雞湯

　　這道湯品是我香港三乾媽教我的，乾媽認識我時，我忙於工作導致作息不正常，不僅氣色差，還長了滿臉痘子，經過他們的煲湯調理後，我的膚色透亮了起來，皮膚也變得滑滑嫩嫩的。花膠湯品向來深受廣東人的喜愛，養顏美容、坐月子、生病或術後修復、節氣養生皆少不了它。

　　我的乾媽們總是提醒我，這道湯煲了四個小時，味道鮮美，營養豐富，特別是花膠的膠質都溶解在湯中了，女人怎麼可以錯過它。

材料

食材

豬骨	1 斤	紅蘿蔔	1 條
土雞	半隻	玉米	1 條
黑蒜	10 粒	薑	4 片
白蒜	10 粒	鹽	適量

乾料

花膠	2 隻
響螺	1 片

① 將花膠於前一個晚上用冷水浸泡，第二天要煲湯前先用薑汆燙 15 分鐘後，撈起剪成段。

② 響螺洗淨泡水至軟，再與豬骨、土雞、薑片一同汆燙後，撈起備用。

③ 黑白蒜不去皮洗淨即可；紅蘿蔔不去皮，洗淨後以滾刀切成大塊狀；玉米去除外殼洗淨後切成大段。

④ 將步驟 1、2、3 食材放入鍋內鋪平，加入 3500ml 的清水，以大火滾開後，再用中火續滾 20 分鐘，再蓋上鍋蓋以小火煲煮 3 小時後關火，再悶約 30 分鐘，開蓋加鹽調味即可享用。

Lowlee 老師的煲湯筆記

　　花膠又叫做魚肚，是從魚的魚鰾（魚類體內的一個器官）所製成的，有「海洋人蔘」的美譽。含有膠原蛋白、維生素、礦物質等，蛋白質含量高，是自古以來的養顏珍品。選購花膠時，要以呈半透明金黃色的品質為佳，好的花膠煲煮起來無腥味、不溶化，吃起來滑溜爽口。

白蘿蔔陳皮禦寒羊肉湯

　　每到了寒冷冬季，我女兒總是會請我煮這道羊肉湯，喝了之後身體會立刻感到溫暖，手腳也較不易冰冷。此湯有補虛、理氣、禦寒的食療作用，非常適合冬季！

　　正所謂「冬吃蘿蔔夏吃薑」，冬季的白蘿蔔清甜，於冬天食用有止咳化痰、提升免疫力、抗過敏的食療作用，白蘿蔔的香氣與溫性的羊肉結合，熬出甘鮮的湯頭，喝了身體會暖起來，讓人想一碗接一碗。

材料

食材

羊腩	1 斤
白蘿蔔	1 條
薑	2 片
蔥	1 支
鹽	適量
黃酒	少許
（或紹興酒、花雕酒）	

乾料

| 枸杞 | 10 克 |
| 陳皮 | 1 片 |

作法

① 羊腩與薑片一同汆燙，去除血水後撈起備用。

② 白蘿蔔不去皮，清洗乾淨後以滾刀切成大塊狀。

③ 將其他材料洗淨後，連同步驟 1、2 的食材放入鍋內鋪平，加入 3000 ml 的清水，以大火滾開後，加入黃酒轉中火續滾 10 分鐘後，再蓋上鍋蓋以小火煲煮 3 小時後關火，再悶約 20 分鐘，開蓋加鹽調味即可享用。

甜菜根玉米番茄蘋果湯

　　這湯品融合了甜菜根、番茄、蘋果、玉米的自然甜味與營養，喝起來讓人嘴裡、心裡都甜甜的。以前家裡只要有派對，我就會煲上這一道湯，因為綜合了所有蔬果的養分，為派對飲食加分，深受大人小孩的喜歡。此湯也可不加入肉品同煲，變成美味的田園蔬果湯。

材料

食材

豬瘦肉	半斤	蘋果	2 個
甜菜根	1～2 顆	西芹	600 克
玉米	2 根	薑	2 片
牛番茄	2 個	鹽	適量

作法

① 豬瘦肉不切，整塊與薑片一同汆燙，去除血水後撈起備用。

② 甜菜根洗淨去皮，切成大塊。

③ 玉米和番茄洗淨切大塊；蘋果不去皮，去蒂後切成大塊，西芹洗淨後切段備用。

④ 將步驟 1、2、3 食材放入鍋內鋪平，加入 3000 ml 的清水，以大火滾開後，蓋上鍋蓋以小火煲煮 2.5 小時，開蓋加鹽即可享用。

蟲草花螃蟹湯

秋季是吃蟹的季節，我們家愛吃清蒸與蔥蒜炒蟹兩種吃法。我個人很喜歡吃花蟹，所以也會用花蟹來煲湯。秋天公蟹比較肥美，冬天則是母蟹較肥美，冬天喝此湯有降火氣的作用喔！

我很喜歡吃海鮮，所以各式用海鮮煲的湯我都不會錯過！這一道就是眾多海鮮煲湯裡，連我的女兒和好友都很喜歡的味道。

材料

食材

螃蟹	1～2 隻
白蘿蔔	1 條
薑	2 片
蔥	1 支
鹽	適量

乾料

蟲草花	30 克
枸杞	10 克

作法

① 將螃蟹處理乾淨後，與薑片一同汆燙，去除腥味後撈起備用（如果選擇的螃蟹較大隻，可以切成塊狀）。

② 白蘿蔔不去皮，清洗乾淨後以滾刀切成大塊狀。

③ 將其他材料洗淨後，連同步驟 1、2 的食材放入鍋內鋪平，加入 3000 ml 的清水，以大火滾開後，再蓋上鍋蓋以小火煲煮 1 小時，開蓋加鹽調味即可享用。

黑豆玉竹鮮蝦湯

　　這一道廣式蝦湯，採用新鮮蝦子熬煮出海味十足的湯頭，甘鮮濃郁，是我自己個人非常喜歡的湯品，因為蝦入肝、腎，可增強體質，抵抗冬天的冷喔！喜歡海鮮的朋友也一定要試試看。

材 料

食材		乾料	
土雞腿	1 隻	玉竹	10 克
鮮蝦	200 克	枸杞	10 克
薑	2 片	黑豆	50 克
鹽	適量		

作 法

① 雞腿與薑片一同汆燙，去除血水後撈起備用。

② 鮮蝦清洗乾淨、去除腸泥。

③ 將其他材料洗淨後，連同步驟 1、2 的食材放入鍋內鋪平，加入 2500 ～ 3000ml 的清水，以大火滾開後撈出渣沫，再蓋上鍋蓋以小火煲煮 2 小時後關火，再悶 20 分鐘，開蓋加鹽調味即可享用。

白果腐竹糖水

這道白果腐竹糖水是我最喜愛的港式糖水，第一次喝到時，是老公煮給我喝的。有一次我們兩個出遊遇到下大雨，被雨淋得濕透，老公怕我著涼，一回家馬上煮了這道糖水給我暖暖身子。記得第一口喝下時，脫口而出：「天啊！好幸福的味道啊！」

享受這道湯品時，第一口先品嘗熱糖水，再將水煮蛋放入碗中，剝開水煮蛋讓蛋黃流出、融在湯裡，甜湯會變得滑口。加上有 Q 勁的薏仁，與雞蛋、腐竹的完美結合，讓人感受到滿滿的香濃與溫暖，難怪老公當時說這是一道在香港絕對不能錯過的糖水。

份數	3〜4人份	烹煮時間	1小時	喝法	飯前以純喝湯水為主，飯中可與湯料共進

材 料

食材		乾料	
雞蛋	3顆	銀杏	30克
冰糖	適量	薏仁	30克
		腐竹	2〜3片

作 法

① 腐竹可買新鮮腐竹或乾腐竹皆可，乾腐竹須先浸泡軟化，新鮮腐竹需先洗淨。

② 鍋內放入冷水，加入銀杏、薏仁，以大火滾開後轉中火，再加入腐竹煮至滾，蓋上鍋蓋轉小火煲煮40分鐘。

③ 利用煲湯時間煮一顆水煮蛋。在鍋子裡加入淹過雞蛋的水量，以大火煮六分鐘後撈起放涼，剝殼備用。

④ 取一小碗，將雞蛋打成蛋液備用。

⑤ 待步驟2煲煮完成，打入蛋液並輕輕攪拌，加入冰糖調味即可享用。享用時放入水煮蛋一同品嘗。

Lowlee 老師的煲湯筆記

　　白果又叫做銀杏，是滋養潤肺的保健食材。腐竹其實就是豆皮，含有豐富蛋白質、卵磷脂、礦物質與鈣質，入湯後可讓湯水白滑可口，是煲湯食材的聖品。

　　這道白果腐竹雞蛋糖水，養顏又養身，不管是濕冷或是燥熱天氣，都很適合飲用，而且不管任何體質的人也都適合。

Chapter 3

不知不覺變漂亮的
美顏煲湯

生活再忙，我們還是可以美麗優雅以對

——十多歲時，因為忙於工作，導致生活作息不正常，當時滿臉都是痘子、面色蠟黃，即使買了昂貴的保養品，卻不見成效。搬到香港生活後，三個香港乾媽每天為我煲湯，為了不辜負他們的好意，我乖乖的喝湯喝了兩個月左右，沒想到膚質整個提亮許多，痘痘也不再長了。從那時候開始，愛上了煲湯，也開始學習煲湯，認真且持續的讓煲湯成為飲食的一部分。

現在四十多歲的我，生活作息簡單、用的保養品也很簡單，不用上妝也可以自在出門，認識許久的朋友都很好奇，怎麼可以年紀越大，膚質狀況卻越好。我的保養之道說穿了沒什麼，就是盡可能吃原型食物、聽從身體的聲音，飲食調理。

每天都關心自己的身體，問問它：睡得好嗎？有沒有覺得沈沈的？是否因為天氣變化皮膚也跟著變化？

好好地關愛自己，用心的煲湯喝湯，正視飲食所帶來的力量，就會發現身體給予的驚人改變。煲湯是一種飲食文化，想要用煲湯改變體質甚至是人生，不能以為只是「喝湯」就好了，還要用心善待身體、修正行為，才能看見真正的「改變」。我常和湯友分享，仔細觀察身體的訊號、適時的給予回應，就會感受到身體帶來的回饋，不知不覺變漂亮、脾氣變好，遇見更好的自己！

Slimming

消除水腫、排除濕氣的
顯瘦煲湯

　　我發現很多台灣女生喜歡吃蔬菜水果餐來減肥，加上手搖飲料充斥，常以飲料取代喝水，夏天更是常以冷飲冰品消暑。不難發現，這些女生往往伴隨著容易手腳冰冷、水腫、排便不順、經痛困擾等等，怎麼會這樣呢？多吃蔬果不是很好嗎？而且它們也是原型食物啊？

　　我只能說，決定採用任何一種飲食法前，除了需要多了解食物與身體的關係外，也要了解自身體質造就的根源。以中醫理論來看，蔬果大多都是寒性或涼性，經常吃容易造成陽虛體質，而台灣又是潮濕多雨的海島型氣候，身體的濕氣更加難以排出體外，一旦體內濕氣過重時，就會影響脾胃功能，造成消化吸收障礙，出現代謝力不足、頭重悶脹、皮膚乾癢、臉與身體浮腫、排便稀軟或黏膩等等情況，不只會影響外觀，還會影響生活。

　　該如何避免體內濕氣過重？首先我不建議大家四季皆以生菜沙拉、涼性蔬果作為日常飲食，這些對於濕氣普遍偏重台灣人而言，無疑是雪上加霜。黃帝內經也提及「五穀為養，五菜為充，五果為助」，蔬菜水果不養人，不養氣血，蔬菜的作用只是疏通，也就是幫助清腸排毒，所以好好吃五穀才是王道。再來，多利用夏季進行「體內除濕」，從中醫角度來看，利用夏天適度的運動發汗、喝熱湯出汗等等，可以幫助體內排除從秋季累積至春季的寒氣與濕氣。

　　現代人普遍生活壓力大，美食誘惑太多不易節制、運動量少，既要祛濕，又要補身，還要養脾胃，實在不易。所以我真心推薦試著學習煲湯、喝好湯吧！吃對食物，可以達到藥食同源的效果！

茯苓赤小豆湯

　　這款煲湯可以健脾胃、祛濕氣，是我在春夏時一定會煲煮的湯品，幫助身體對抗潮濕氣候。而且清爽好喝，大眾接受度高，在我的煲湯購物網裡，擁有超高人氣。

　　這道煲湯我加入「祛濕消水腫三兄弟」，分別是：白扁豆、赤小豆和薏仁，而且赤小豆加上薏仁的組合，還可以潤腸通便、讓肌膚散發光澤，非常推薦愛美的女性朋友可以多多品嘗飲用。

　　值得一提的是，二〇二〇年中研院研究團隊發現，白扁豆可以有效抑制流感病毒，也可抑制新冠病毒，研究登上國際期刊，使白扁豆成為大家好奇的食物。但事實上，白扁豆在我們生活中相當常見，有高鐵、高蛋白、高纖維等好處，也常作為中藥材使用喔！

材料

食材		乾料	
豬瘦肉	半斤	茯苓	30 克
紅蘿蔔	1 支	赤小豆	30 克
玉米	1～2 支	薏仁	30 克
薑	2 片	白扁豆	30 克
鹽	適量	蜜棗	2 顆

作法

① 豬瘦肉不切，整塊與薑片一同汆燙，去除血水後撈起備用。

② 紅蘿蔔不去皮，清洗乾淨後以滾刀切成大塊狀。

③ 玉米去除外殼洗淨後，切成大段。

④ 將其他材料洗淨後，連同步驟 1、2、3 食材放入鍋內鋪平，加入 2500～3000ml 的清水，以大火滾開後撈出渣沫，再蓋上鍋蓋以小火煲煮 2 小時後關火，再悶約 20 分鐘，開蓋加鹽調味即可享用。

小提醒：這道湯品很利尿，不建議太晚飲用，以免因夜尿影響睡眠品質。

冬瓜荷葉煲老鴨湯

　　這道湯品可選擇絨毛較少的老鴨，或是台灣紅面鴨肉、鴨腿。加入清熱解暑的冬瓜、荷葉，這三樣食材可說是經典組合，可讓湯品發揮加乘效果。很適合夏秋季節飲用，尤其是在進行戶外運動或大量運動後的水分補充。

　　我個人很喜歡這道湯品的味道及口感，只要季節合宜或濕氣讓我感到鬱悶時，一定會煲上一鍋，荷葉熬出的香氣讓人覺得療癒不已，湯水鮮香回甘，給人幸福的滋味。

材　料

食材		乾料	
老鴨	半隻	薏仁	30 克
干貝	5～6 粒	新鮮荷葉	1/4 片
冬瓜	1 片	（曬乾荷葉約 5 克）	
紅蘿蔔	1～2 支	蜜棗	2 顆
薑	2 片	陳皮	1 片
鹽	適量		

作　法

① 鴨肉處理乾淨，剁切成大塊，與薑片一同汆燙，去除血水後撈起備用。

② 紅蘿蔔、冬瓜不去皮，洗淨後切成大塊狀。

③ 荷葉洗淨後，撕成大片。

④ 將其他材料洗淨後，連同步驟 1、2、3 食材放入鍋內鋪平，加入 3000ml 的清水，以大火滾開後撈出渣沫，再蓋上鍋蓋以小火煲煮 2 小時後關火，再悶約 30 分鐘，開蓋加鹽調味即可享用。

苦瓜排骨美容瘦身湯

我們都知道苦瓜有清熱解毒的效果，非常適合夏季食用；而鳳梨不僅可以讓湯頭變得清甜，也是祛濕消腫的利器。港式煲湯中，很喜歡加入豆類食材，像是黃豆、赤小豆，不僅含有豐富蛋白質，而且耐熬煮。

此煲湯的食材搭配兼具美容與瘦身，適合在濕氣最多的春夏之際飲用。

材 料

食材		乾料	
豬排骨	1 斤	蜜棗	2 粒
苦瓜	1 條	陳皮	1 片
鳳梨	半顆	黃豆	50 克
薑	2 片		
鹽	適量		

作 法

① 豬排骨與薑一同汆燙，去除血水後撈起備用。

② 鳳梨去皮切大塊。

③ 苦瓜洗淨、剖開去籽後切成大塊（如怕苦瓜太苦，可以先加鹽汆燙）。

④ 將其他材料洗淨後，連同步驟 1、2、3 食材放入鍋內鋪平，加入 3000 ～ 3500ml 的清水，以大火滾開後再續滾約 10 分鐘，撈出渣沫再蓋上鍋蓋以小火煲煮 1.5 小時後關火，再悶約 20 分鐘，開蓋加鹽調味即可享用。

Healing

寵愛自己、綻放美麗的
療癒煲湯

　　我認識很多女性朋友，她們不吝於對自己好，也許是買漂亮的包包、衣服犒賞自己；也許是透過吃甜點美食，便覺得口腹與心靈得到滿足。也有些人，全心全意照顧家人小孩，彷彿他們好，自己也就得到滋養。

　　每個人愛自己的方式不同，但是外在物質的滿足，總是來得快、去得也快，我相信唯有一點一點的強化自己的內在與健康，才能真正的滿足與強大。

　　當我學會煲湯後，也開始學習用煲湯表達我的愛，用煲湯關愛自己與家人。最近的自己缺少了什麼營養、自己喜歡什麼味道、自己內心真正追求的是什麼？我發現正視自己的身體需求時，身體也會帶來回報，氣色與健康就會顯現出來，這時「吸引力法則」便會實現，身邊會有越來越多人認同你，並跟隨你。

　　接下來分享的，是特別針對女人的湯品，希望每個女生，都可以先把最美的愛留給自己、善待自己、寵愛自己吧！

花膠烏骨雞美膚湯

　　《本草綱目》記載，烏骨雞可以增強免疫力，適合老年人、產婦、體虛體弱者，而且富含鐵質，特別適合女性朋友食用。

　　這道利用花膠、海底椰、玉竹、烏骨雞等食材，有潤肺及養血的作用，煲出膠質濃厚的湯水，喝完隔天往往就會感覺到肌膚水嫩許多，是款極具滋養又強身的湯品，我很常推薦給身邊的女性朋友飲用。

材料

食材		乾料	
烏骨雞	半隻	淮山	30 克
（或土雞雞腿 1 隻）		茨實	30 克
薑片	2 片	玉竹	15 克
鹽	適量	海底椰	10 克
		枸杞	10 克
		花膠	2 支
		蜜棗	3 顆

作法

① 烏骨雞切大塊，與薑一同汆燙以去腥、去血水，撈起備用。

② 將花膠於前一個晚上用冷水浸泡，第二天要煲湯前先用薑汆燙 15 分鐘後，撈起剪成段。

③ 將其他材料洗淨後，連同步驟 1、2 食材放入鍋內鋪平，加入 3000ml 的清水，以大火滾開後，撈出渣沫，再蓋上鍋蓋以小火煲煮 3 小時後關火，再悶約 20 分鐘，開蓋加鹽調味即可享用。

紅蘿蔔山楂輕盈湯

　　這款湯加入了山楂、桂花、昆布的組合，喝起來帶酸回甘，還有昆布所融出的膠質，加上桂花的香氣，是一款具有消脂、健脾胃、養顏美容的湯品。

　　這道湯品一年四季皆可飲用，不過春夏時，建議使用紅蘿蔔；秋冬時，則改用白蘿蔔。大家常說「蘿蔔賽人參」，但吃對了才有效喔！

材　料

食材		乾料	
豬瘦肉	半斤	桂花	3 克
紅蘿蔔	1～2 條	蜜棗	2 顆
薑	2 片	山楂	15 克
鹽	適量	日本昆布	1 片

作　法

① 豬瘦肉不切，整塊與薑一同汆燙，去除血水後撈起備用。

② 紅蘿蔔不去皮，洗淨後以滾刀切成大塊狀。

③ 昆布洗淨軟化後，切大段備用。將其他材料洗淨後備用。

④ 除了桂花，將其他食材連同步驟 1、2、3 的食材放入鍋內鋪平，加入 2500～3000ml 的清水，以大火滾開後撈出渣沫，再蓋上鍋蓋以小火煲煮 1 小時後，再加入桂花續煲 30 分鐘。關火悶 20 分鐘，開蓋加鹽調味即可享用。

木瓜花生雞腳湯

　　一聽到木瓜煲湯，大家可能直覺想到的是豐胸湯，不過想要有豐胸效果，單吃木瓜是無效的，還需要搭配蛋白質相輔相成才行，所以我搭上眉豆與花生。

　　雞腳含有豐富的鈣質及膠原蛋白，慢燉細熬即可煲出滿滿膠質，營養好吸收，讓皮膚自然水潤又Q彈！而且四季皆宜，是我們家的家常保健養顏湯水。如果夏天有便祕的問題也可飲用，幫助潤腸通便喔！

材料

食材		乾料	
雞腳	8～10隻	眉豆	30克
豬骨	半斤～1斤	紅皮花生	30克
熟木瓜	半顆	紅棗	6～8顆
薑	2片	無花果	3～4顆
鹽	適量	陳皮	1片

作法

① 雞腳、豬骨與薑一同汆燙，去除血水後撈起備用。

② 木瓜去皮去籽，切成大塊。

③ 將其他材料洗淨後，連同步驟1、2食材放入鍋內鋪平，加入3000ml的清水，以大火滾開後，撈出渣沫，再蓋上鍋蓋以小火煲煮2.5小時後關火，再悶約15分鐘，開蓋加鹽調味即可。

Recuperation

調理情緒、安定自我的
理氣煲湯

　　我學氣功十多年了，意外開啟了我的「靈性」，讓我有了「體感」的能力。每當我講課前，會運用體感來感知每位學員的身體與心情狀況，漸漸發現，「氣場」有趣又神奇，普遍來說，往往是有「物以類聚」、「與自然相關」這兩大現象。

　　舉例來說，同期來上課的學員，即使彼此不認識，卻因為「物以類聚」，會發現大家正面臨相似的身心問題。也許是因為人的心情和自然的運行息息相關，像是季節交替、陰雨天氣，容易讓人感到憂愁與鬱悶，所以在某個期間內，大家都有相似的情緒。這時候我會將上課主題盡量拉近他們的需求，幫助大家找到適切的湯品。氣功的學習之路，讓我不斷體悟到人生的因果與美妙，還有自身與大自然的緊密關係。

　　我靠著煲湯和氣功來維持並豐富我的生活，並時時修正自己、溫暖自己，關愛自己，讓廚房成為經營愛的地方。同樣為生活打拼、還是個單親媽媽的我，都可以做得到，希望每個女人也都可以活出自己的光彩。

　　能夠掌握自己的人生實為不易，但也沒有那麼難，只要肯面對自己的問題，因為我就是這樣的努力讓自己往前走。希望每個人，都可以透過食物、透過煲湯，調理好自己、傳遞愛的能量，讓自己發光發熱！

人蔘紅棗安神湯

　　如果家裡有庫存已久、捨不得或不知道如何使用的「人蔘」，拿出來煲湯吧！

　　這是一款專門替女性朋友設計的湯品，有造血補氣、安心寧神的作用，特別是因生理週期所引起的心情不適，有穩定情緒的效果喔！我也很鼓勵男性朋友可以為另一半或女兒煲這碗湯，體貼、緩解她們的身心不適。

材料

食材		乾料	
豬瘦肉	半斤	核桃	80 克
薑	2 片	紅棗	5～6 顆
鹽	適量	蜜棗	2 顆
		鮮人參	1 支

作法

① 豬瘦肉不切，整塊與薑一同汆燙，去除血水後撈起備用。

② 將其他材料洗淨後，連同步驟 1 食材放入鍋內鋪平，加入 3500ml 的清水，以大火滾開後，再續滾 10 分鐘，撈出渣沫，再蓋上鍋蓋以小火煲煮 1.5 小時後關火，再悶約 30 分鐘，開蓋加鹽調味即可享用。

Lowlee 老師的煲湯筆記

　　人參是補元氣的好藥材，不過因為效果強，有些人吃了身體會過於燥熱，所以很少用於日常食療中。建議大家可以選擇參鬚入湯，溫和且價格較便宜，很適合久坐辦公室、常被冷氣侵襲的人，補身體的虛。

北芪紅棗雙豆補氣湯

　　北芪補氣作用強，是常用的益氣藥材，搭配紅豆與黑豆煲湯，可以養腎補氣血、預防貧血，還能滋潤頭髮。適合氣血不足、壓力過大、用腦過度的上班族。冬季養腎的季節，煲它准沒錯。

材料

食材		乾料	
豬瘦肉	半斤	紅豆	40 克
薑	2 片	黑豆	40 克
鹽	適量	北芪	15 克
		紅棗	5～6 顆

作法

① 豬瘦肉不切，整塊與薑一同汆燙，去除血水後撈起備用。

② 將其他材料洗淨後，連同步驟 1 食材放入鍋內鋪平，加入 2500ml 的清水，以大火滾開後撈出渣沫，再蓋上鍋蓋以小火煲煮 2 小時後關火，再悶約 20 分鐘，開蓋加鹽調味即可享用。

紅蘿蔔番茄馬鈴薯魚湯

　　魚湯開胃、益氣血，常喝可以補心養氣、補腎益肝、養顏美容，如果體虛或是睡眠不足而睏乏無力時，喝上一碗，可以提振精氣神。推薦給忙碌、運動量少的上班族，或是家中有小孩、老人，這是一道暖心滋潤的湯品。

　　以番茄的酸香、馬鈴薯與紅蘿蔔的清甜，讓魚湯更加清爽好喝，且一點腥味都沒有，也是我們家女兒的最愛！

小提醒：煲魚湯雖然不難，但如果魚肉破碎、魚腥味太重，就無法盡情享受其美味。想要避免魚腥味，一定要選擇新鮮完整的魚，並將內臟去除、清洗乾淨。下鍋煲煮前，先油煎處理，就能保持魚身完整並煲出香味。

| 份數 | 3～4 人份 | 烹煮時間 | 2 小時 50 分鐘 | 喝法 | 飯前以純喝湯水為主，飯中可與湯料共進 |

材料

食材

當季鮮魚	1 條	紅蘿蔔	1～2 支
（如果喜歡大魚，可		馬鈴薯	2～3 顆
選擇只取魚尾）		薑	2 片
番茄	2～3 顆	鹽	適量

乾料

紅棗	5～6 顆

作法

① 將鮮魚內臟處理後洗乾淨，再用廚房紙巾吸乾表面上的水分（如魚身較大時，可切成兩段）。將魚放入已熱好的油鍋，以小火煎香，煎至兩面呈金黃色即可呈出備用。

② 番茄洗淨切大塊；馬鈴薯洗淨去皮，切成大塊。

③ 紅蘿蔔不去皮，洗淨後以滾刀切成大塊狀。

④ 將紅棗洗淨後，連同步驟 1、2、3 食材放入鍋內鋪平，加入 3000ml 的清水，以大火滾開，再用中火續煲 30 分鐘後，撈出渣沫，再蓋上鍋蓋以小火煲煮 2 小時後關火，開蓋加鹽調味即可享用。

小提醒：如果想要讓魚湯呈現奶白色湯頭，可以在水滾後再放入煎香的魚，以大火逼出魚的蛋白質，再以小火慢煲，就能喝到湯色看起來像牛奶、喝起來細緻可口的湯水。

Lowlee 老師的煲湯筆記

　　台灣人的魚湯作法其實很簡單，大部分先將水煮滾，先下耐煮食材，最後再下鮮魚、調味料至滾即關火食用，用這樣的作法保持魚的鮮度及口感。

　　但港式煲魚湯就完全不是這麼回事。廣東人的「魚湯」通常是指以鮮魚用老火煲煮出來的湯水，油脂較少且含豐富蛋白質，很適合兒童和身體虛弱的人。

　　台灣天氣長期潮濕，人容易因為濕氣重導致脾胃失調，而變得疲倦無力、四肢沈重、眼皮浮腫等，因此建議多喝具祛濕效果的魚湯，來消腫健脾。，還能抗衰老喔！

Chapter 4

趕走身體小毛病的
原味煲湯

不勞累、不痠痛，強壯自己才有力氣照顧家人

上課時，我常和我的學員分享，煲湯沒有手藝可言，只要你願意，任何人都可以煲出一鍋美味的湯品，而這份美味來自於你的「用心」。煲湯的過程其實很費心思，從備料、清洗材料、下料、看火、調味，每個過程都十分重要，一鍋煲湯的形成，有著煲湯者對喝湯者滿滿的愛。所以我覺得煲湯是一種愛的傳導，也是生活裡的一種體驗與享受。

在台灣推廣節氣飲食與煲湯文化已經有四年了，開過無數的煲湯養生課程，每年也都有許多湯友跟我分享煲湯帶給他們的改變與感動。曾經有一位湯友為了改善家中小孩的腸胃問題，開始試著煲湯，剛開始老公很不以為然，所以只有她與小孩在餐桌享用，而老公則是在客廳吃他的飯、看他的新聞。直到有天，她老公下班聞到煲湯的香味，竟然關上電視，主動坐上餐桌與他們一起喝湯吃飯。這就是我想帶給湯友們的感受之一，「讓煲湯改變家的味道」。

與其費盡唇舌的強迫家人改變飲食習慣，不如親身實踐，將這份愛化成健康的行動，在家中蔓延傳遞著，一鍋煲湯絕對可以「煲護」全家人的健康。

Sleeping

告別失眠、改善睡眠品質的
好眠煲湯

　　《黃帝內經》有記載：「胃不和則臥不安」。意思就是脾胃不和，如痰濕、消化不良，有可能會睡不好、影響睡眠。從中醫理論來看，想太多、過於勞心勞神，容易引發胃火；反之亦然，當脾胃不好時，也會影響情緒與睡眠。

　　所以想要擁有一夜好眠，除了保持規律的生活作息外，還可以從調理脾胃下手。不過要注意的是，晚餐喝的湯品，要選擇較清潤補水的食材來煲湯，像是蘋果、雪梨、蓮藕、百合、蓮子等等，如果過於燥熱或是過油的湯品，反而容易上火而影響睡眠。

　　我平常很重視睡眠與補水，除了每週依照節氣或是身體狀況煲湯外，充足的睡眠也是我必堅持的，睡眠充足精神好，也不易胖。胃口不好時，喝上一碗煲湯暖暖胃，腸胃也會得到呵護。白天飲用煲湯，可以補足營養與好的水分，不僅可以發散自然好氣色，也可以幫助皮膚在睡眠期間充分保濕。

蟲草花桂圓瘦肉湯

　　這道煲湯有養肝顧腎、健脾胃、安神的食療效果，男女老少皆適宜。清潤又甘甜的風味，能帶來暖暖的幸福感，也能帶來好心情。

　　像煲湯這樣的食療法，雖然無法快速的發揮效果，不過卻是一個可以讓身體得到完整營養，舒服無負擔的飲食療癒。

材料

食材		乾料	
豬瘦肉	半斤	蟲草花	30 克
薑	2 片	淮山	30 克
鹽	適量	芡實	30 克
		桂圓肉	10 克

作法

① 先將蟲草花洗淨，浸泡水中約 30 分鐘。

② 豬瘦肉與薑片一同汆燙，去除血水、腥味後撈起備用。

③ 將其他材料洗淨後，連同步驟 1、2 的食材放入鍋內鋪平，加入 3000ml 的清水，以大火滾開後撈出渣沫，再續煮 5 ～ 10 分鐘，蓋上鍋蓋以小火煲煮 2 小時後關火，再悶 20 ～ 30 分鐘，開蓋加鹽調味即可享用。

猴頭菇蓮子清鴨湯

　　有些人覺得鴨肉不好，其實只要食材搭配得宜，鴨湯可是有解毒、改善陰虛失眠的食療效果。廣東人喜歡煲鴨湯勝過煲雞湯，因為清潤不燥，甚至有「大暑老鴨勝補藥」的說法。

　　這款湯品滋陰養顏，清補脾胃，又可以補氣血，非常推薦給有睡眠障礙的人可以多多飲用。

材料

食材		乾料	
猴頭菇	2～3顆	淮山	30克
紅蘿蔔	1～2支	蓮子	30克
鴨肉	半隻	黨參	10克
（或鴨腿1隻）		紅棗	6～8粒
薑	1大片	蜜棗	2顆
鹽	適量		

作法

① 鴨肉與薑片一同汆燙，去除血水後撈起備用。

② 紅蘿蔔不去皮，洗淨後以滾刀切成大塊狀。

③ 乾燥猴頭菇洗淨用冷水浸泡20分鐘後，擠乾水分切塊備用（如果使用的是新鮮猴頭菇，直接洗淨切成塊狀）。

④ 將其他材料洗淨後，連同步驟1、2、3食材放入鍋內鋪平，加入3000～3500ml的清水，以大火滾開後撈出渣沫，再蓋上鍋蓋以小火煲煮2小時後關火，再悶約20～30分鐘，開蓋加鹽調味即可享用。

海底椰響螺雞湯

　　海底椰是製作夏季煲湯經常使用的湯料，有滋陰潤肺、止咳的作用；而南北杏、響螺對熬夜少眠者有護脾胃、情緒放鬆、安定睡眠的效果。這款湯品以海底椰、響螺煲出的雞湯，有椰子的清香與海味的鮮甜，喜歡雞湯的朋友千萬不要錯過！

　　在秋冬乾燥的季節多喝這道湯，可以美化肌膚、止咳化痰、養肝腎，很適合中老年人，尤其是女性。孕婦或產婦也可以改用烏骨雞，提升效果。

材料

食材

土雞	半隻
（或土雞腿1隻）	
豬瘦肉	半斤
薑	2片
鹽	適量

乾料

淮山	30克
南北杏	20克
海底椰	10克
枸杞	10克
響螺	1片
紅棗	6～8顆
無花果	4～5粒
蜜棗	2顆

作法

① 將半隻土雞切成大塊（也可以用土雞腿），和豬瘦肉、薑片一同汆燙，去除血水後撈起備用。

② 海底椰與響螺用水浸泡約20～30分至軟。

③ 將其他材料洗淨後，連同步驟1、2食材放入鍋內鋪平，加入3000～3500ml的清水，以大火滾開後撈出渣沫，再續滾5～10分鐘，蓋上鍋蓋以小火煲煮3小時後關火，再悶約30分鐘，開蓋加鹽調味即可享用。

Anti-Allergy

擺脫季節乾癢、鼻水不再流的
抗敏煲湯

　　每當季節轉換之際，容易因為免疫系統下降，引發皮膚過敏、支氣管炎、腸胃炎等問題。而原本就有過敏問題的人，易因氣候變化，敏感症狀紛紛出籠。皮膚乾癢的人，往往會抓到患部流血；鼻過敏的人則是整天鼻水流不停、衛生紙用掉一整包，嚴重影響生活品質，做任何事都無法專心，如此看來，過敏實在是不能輕忽的惱人小毛病。

　　廣東和台灣一樣，處於潮濕地形與氣候，而廣東人擅長用煲湯來調理身體。想要改善過敏問題，得從「體內排濕」做起，因為如果體內濕氣過重，吃再多的補品也沒用，而我們體內的排濕大臣就是脾臟，成為首要調理的對象。

　　再來就是要調理我們的腸胃，因為人體有 70% 的免疫細胞在腸道，只要腸胃照顧好，就能打造完善的免疫體質，過敏自然就不會找上你！

沙參雪耳抗敏湯

　　這一道湯品不僅滋陰養顏，對舒緩皮膚乾癢也很有效果，還可幫助清肺止咳、健脾胃。在我的湯館裡，這道是一年四季都會推廣的湯品，清甜滋味，也很受小朋友的喜愛。對於容易生病的孩童，或是有過敏問題的家人，都可以經常飲用喔！

小提醒：痰多時，暫時不宜飲用。

材料

食材		乾料	
豬瘦肉	半斤	淮山	30 克
紅蘿蔔	1～2 支	玉竹	20 克
(也可以用蘋果取代)		沙參	15 克
薑	2 片	無花果	3～4 顆
鹽	適量	蜜棗	2 顆
		雪耳	1 朵

作法

① 雪耳洗淨,浸泡在水中約 20 分鐘,再去蒂剪成小塊。

② 豬瘦肉與薑片一同汆燙,去除血水後撈起備用。

③ 紅蘿蔔不去皮,洗淨後以滾刀切成大塊狀。

④ 將其他材料洗淨後,連同步驟 1、2、3 食材放入鍋內鋪平,加入 3000～3500ml 的清水,以大火滾開後撈出渣沫,再蓋上鍋蓋以小火煲煮 2.5 小時後關火,再悶約 30 分鐘,開蓋加鹽調味即可享用。

Lowlee 老師的煲湯筆記

　　對廣東人來說,春秋之際,養生必須兼顧祛濕、防燥。濕邪不去,吃再多的補品都如隔山打牛。而面對季節交替,氣管敏感與鼻過敏的人可能會有不適的症狀,皮膚乾癢與濕疹也是一個頗為困擾的問題,有些人不但抓得患處流膿出血,甚至是日常生活都受到影響。

　　不妨多煲這一道湯水,對於舒緩季節性過敏症狀,有緩解的食療作用。

章魚木瓜鴨湯

　　這道木瓜章魚鴨湯的營養價值高，可以改善虛弱體質，對腸胃濕熱、皮膚癢及濕疹有食療的效果！在季節交替或濕氣較重之時，容易有皮膚問題的人，一定要試試這款好喝又具舒緩的湯品，幫助滋養肌膚不發癢。

份數	3～4人份	烹煮時間	3小時	喝法	飯前以純喝湯水為主，飯中可與湯料共進

材料

食材

豬瘦肉	約400克
鴨肉（或鴨腿1隻）	半隻
木瓜	半顆
薑	2片
鹽	適量

乾料

無花果	3～4顆
淮山	2片
章魚乾	1～2隻

作法

① 整塊豬瘦肉、鴨肉與薑片一同汆燙，去除血水後撈起備用。

② 木瓜刨皮去籽，切成大塊。

③ 章魚乾先用清水浸泡20分鐘軟化後，再稍微沖洗並瀝乾水分。

④ 將其他材料洗淨後，連同步驟1、2、3食材放入鍋內鋪平，加入3500ml的清水，以大火滾20分鐘後，撈出渣沫，蓋上鍋蓋以小火煲煮2.5小時後關火，再悶約15分鐘，開蓋加鹽調味即可享用。

Lowlee 老師的煲湯筆記

在廣東一代，章魚可是女人的最佳補品，具有補氣養血、滋潤肌膚的作用，也是坐月子時不可或缺的煲湯食材！低脂、高蛋白的特性，也是很好的瘦身食材。回台灣後，我會買澎湖的章魚乾來煲湯，不管搭配什麼食材，煲出來的湯頭總是散發出大海的鮮味，沒喝過的人一定要試試看，感受幸福湯水的味道。

雪耳木瓜糖水

多喝這道湯品可以使皮膚得到滋潤，防止皺紋提早出現、延緩衰老，深受香港女人的喜愛！除此之外，還能養陰潤肺、改善燥熱咳嗽、乾咳無痰等食療效果。

材料

食材

| 木瓜 | 1 顆 |
| 冰糖 | 適量 |

乾料

| 雪耳 | 1 朵 |
| 南北杏 | 25 克 |

作法

① 將雪耳浸泡水中泡發後，洗淨後去蒂，並剪成適口大小。

② 木瓜削皮去籽，切成小塊。

③ 南北杏洗淨後備用。

④ 將步驟 1、2、3 食材放入鍋內鋪平，加入適量清水，以大火滾開後，蓋上鍋蓋以小火煲煮 1 小時，開蓋加入冰糖調味即可享用。

Lowlee 老師的煲湯筆記

用木瓜煲湯是廣東人的日常，他們喜歡用熟成木瓜煲煮，因為可以讓湯水有自然的清甜。木瓜也常被用來做甜品，飯後來一份甜品，對香港人來說才是圓滿的一餐。

香港人吃甜品叫「食糖水」，糖水對香港人的意義不只是飯後甜點那麼簡單，糖水熱食或冷食皆可，按四季時令而變化，譬如夏天吃綠豆沙，冬天吃芝麻糊，讓不同材料發揮不同養生的作用。

海底椰雪梨健胃湯

　　腸胃較弱、容易消化不良的人，可以常喝這道湯品作為日常保健，有助於減緩不適，降內火。此湯帶有雪梨甜味，加鹽調味後，會讓甜味嘗起來更鮮美，或是選擇不加鹽，作為飯後甜品糖水享用。

材料

食材		乾料	
雪梨	1 顆	南北杏	20 克
荸薺	5～6 粒	海底椰	10 克
鹽	適量		

作法

① 荸薺去皮洗淨切塊。

② 雪梨不去皮，洗淨後去蒂切大塊。

③ 將其他材料洗淨後，連同步驟 1、2 食材放入鍋內鋪平，加入 2500ml 的清水，以大火滾開後，蓋上鍋蓋以小火煲煮 2 小時，開蓋加鹽調味即可享用。

Detox

肝好人不老

排毒養肝煲湯

　　肝臟是個沒有知覺的內臟，所以不會說痛，但仔細觀察還是可以察覺它所發出的訊號，例如容易疲憊、視力減退、嘴唇較黑、皮膚泛黃、口氣較重等等，都有可能是肝臟生病的訊號。

　　廣東人如果發現身邊親友有上述的這些現象，一定會叮嚀不要吃易上火的食物、不要熬夜，也不亂服西藥，多喝養肝排毒湯。接下來，為大家介紹幾款家常養肝湯，為自己也為家人養護好小心肝吧！

份數	3～4人份	烹煮時間	2小時40分鐘	喝法	飯前以純喝湯水為主，飯中可與湯料共進

雞骨草豬肉排毒湯

　　眉豆大家可能很陌生，不過它是廣東人家家必備的煲湯食材之一。這道湯品利用雞骨草與眉豆的搭配，達到排濕排毒、養肝護肝的效果，是廣東人常喝的家常養肝湯。如果總是感到疲憊、有口氣、舌苔重的人，多喝這道湯品來呵護無聲的肝吧！

材料

食材		乾料	
豬瘦肉	半斤	雞骨草	50 克
紅蘿蔔	1 條	眉豆	30 克
鹽	適量	蜜棗	3 顆
		無花果	3 顆
		陳皮	1 片

作法

① 豬瘦肉不切，整塊以熱水汆燙，去除血水後撈起備用。

② 紅蘿蔔不去皮，清洗乾淨後以滾刀切成大塊狀。

③ 雞骨草洗淨後，裝入過濾紗布袋。

④ 將其他材料洗淨後，連同步驟 1、2、3 食材放入鍋內鋪平，加入 3000ml 的清水，以大火滾開後撈出渣沫，蓋上鍋蓋以小火煲煮 2 小時後關火，悶約 20 分鐘，開蓋加鹽調味即可享用。

番茄玉米豬肝湯

　　從中醫「以形補形」的角度來看，豬肝有補肝養血明目的功效；而從西方科學來看，豬肝有豐富蛋白質與鐵質。這道湯品以豬肝、瘦肉烹煮，可以快速補充元氣，消除一整天的疲勞。加入番茄、玉米可以帶來天然的甜味，即使不放任何調味，也依然鮮甜好喝。是皮膚蠟黃的人，最需要的靚湯。

材料

食材		調味	
豬瘦肉	半斤	米酒	適量
豬肝	200克	白芝麻油	少許
番茄	2顆	白胡椒粉	少許
玉米	1～2條	鹽	適量
薑	1塊		

作法

① 豬瘦肉不切，整塊以熱水汆燙，去除血水後撈起備用。

② 番茄洗淨切成大塊、玉米去皮洗淨切成大段。

③ 豬肝洗淨，浸泡在加有一湯匙米酒的水中，半小時後撈起並切成片狀，再用滾水快速汆燙一下，撈起沖冷水備用。

④ 除了豬肝外的食材放入鍋內鋪平，加入 2500～3000ml 的清水，以大火煲煮，滾開後蓋上鍋蓋轉小火再煲煮 1 小時後，放入豬肝並轉大火，加入適量的白芝麻油、白胡椒、鹽，約 1 分鐘即可關火。

天麻魚尾補氣湯

　　這道湯品只有用到一種乾料—天麻，是一種珍貴的中藥材，《本草綱目》記載：「天麻，乃肝經氣分之藥」，意思就是天麻入肝經，有養肝明目、降血壓的作用。

　　這道天麻魚尾湯，可以養肝益氣，平常工作勞心勞力者，或是容易有頭痛暈眩的人，都可以多多享用。

材 料

食材

大型魚尾	1 條
薑	2～3 片
料酒	1 湯匙
蔥	1 支
蒜頭	2 瓣
鹽	適量

乾料

天麻	50 克

作 法

① 將魚尾洗淨，並用紙巾吸乾水分。

② 天麻洗淨切段，用清水泡軟後瀝乾水分。

③ 在平底鍋中加入油（材料分量外）熱鍋，先爆香薑片，加入料酒，再放入魚尾，煎至兩面呈金黃色即可盛起備用。

④ 將步驟 2、3 材料與蔥、蒜放入湯鍋內鋪平，加入 2500ml 的清水，大火滾開後加蓋轉小火煲煮 2 小時，開蓋後加鹽調味即可享用。

綠豆百合排毒甜湯

　　中醫認為，綠豆排毒去火，具有養肝效果。百合潤肺，與綠豆一起煮，清熱解毒的效果更好。

　　這道綠豆百合湯，是我們家夏天一定會出現的湯品，可以解熱祛濕，尤其在梅雨季節更加適合飲用，緩解炎熱夏季裡悶悶濕重的不適之感。

小提醒：於秋、冬季節有皮膚問題者，不宜飲用綠豆湯品喔！

材料

綠豆	50 克
百合	30 克
冰糖	適量

作法

① 將綠豆、百合以清水稍微沖洗，以去除掉雜質。

② 將綠豆、百合放入鍋中，加入 2500ml 的清水，以大火滾開後，蓋上鍋蓋轉小火煲煮 30 分鐘，開蓋加入冰糖調味後即可享用。

Lowlee 老師的煲湯筆記

很多人很喜歡喝綠豆湯，但下面兩點要特別注意：

1. 切勿空腹飲用

體質寒涼的人，飲用綠豆湯時最好不要空腹。綠豆性寒，可能會加重體質寒涼的症狀，空腹飲用有可能會對脾胃造成傷害。

2. 不要天天喝

有的孩童腸胃消化功能不好，飲用太多可能會導致消化不良、腹瀉等，需留意自身體質的變化，切勿天天飲用。

Chapter 5

為忙碌生活應援的 元氣煲湯

工作再忙、事情再多，也能天天保持神清氣爽

喜愛做飯的人，我想應該也很喜歡上市場買菜這件事吧！我很喜歡買菜，尤其是上傳統市場更是有趣，在市場裡走走逛逛、吃吃喝喝，總能得到很多能量與驚喜。

幾年前在上海工作時，每隔一、二個月就需要出國洽公，不管到哪個國家、哪個城市，工作之餘，我一定會去當地的傳統市場看看。我很愛吃，也對每個地方的飲食文化感到好奇，不僅可以發現世界各地食材的差異，從買賣之中，還可以感受到當地的民情與文化。

去過這麼多地方，香港的傳統市場讓我得到最多養分，一直影響我至今。「街市」是廣東人對傳統市場的稱呼，在街市裡，往往給我的感受是「在可知的世界，遇見無法預知的驚喜！」每當我要去買菜前，總會先設想好要採買什麼食材、做什麼料理，但是到了街市，就會改變計畫。因為菜攤會告訴你，現在這個氣候吃什麼最好、煲什麼湯最適合……，即使你不知道做什麼料理，只要走一圈，絕對可以搜齊當日的養分。

如何挑選食材、如何看天氣煲湯，我從這些街市的菜攤們身上學會很多，接下來，就與大家分享我在香港街市中學到的養生智慧。

番薯芥菜黃豆湯

　　這道湯品主要可調理腸胃功能，如果有排便不順的問題，我都會推薦他們可以試試這道湯，還可以減少皮膚暗瘡出現。此湯清爽甘醇，容易長青春痘或便祕的青少年，也非常適合作為日常湯品。

材料

食材

豬瘦肉	半斤
番薯	1 條
芥菜	600 克
薑	2 片
鹽	適量

乾料

黃豆	30 克

作法

① 豬瘦肉不切，整塊與薑片一同汆燙，去除血水後撈起備用。

② 番薯去皮洗淨後切厚塊。

③ 將其他材料洗淨後，連同步驟 1、2 食材放入鍋內鋪平，加入 2500ml 的清水，以大火滾開後，蓋上鍋蓋以小火煲煮 1.5 小時後關火，開蓋加鹽調味即可享用。

海帶木瓜百合瘦肉湯

　　海帶有「長壽菜」之稱，唐代《食療草本》：昆布下氣，久服瘦人。因此有利水消腫的作用，對於降血壓、降血糖、降血脂也有食療效果。

　　如果常加班、應酬多、菸酒不離身，一時半刻難以改變生活惡息，那就多喝湯來滋養過於操勞的身體吧！這道湯幫助解毒潤燥，特別適合濕熱的春夏飲用。

材料

食材		乾料	
豬瘦肉	半斤	百合	30 克
木瓜	半顆	綠豆	50 克
薑	2 片	陳皮	1 片
鹽	適量	新鮮海帶	40 克
		（或日本昆布 1 條）	

作法

① 將海帶或昆布洗淨後浸泡水中使其軟化。

② 木瓜去皮去籽後，切成厚塊。

③ 豬瘦肉不切，整塊與薑片一同汆燙，去除血水後撈起備用。

④ 將其他材料洗淨後，連同步驟 1、2、3 食材放入鍋內鋪平，加入 3000 ～ 3500ml 的清水，以大火滾開後蓋上鍋蓋，以小火煲煮 2 小時後關火，再悶約 20 分鐘，開蓋加鹽調味即可享用。

腐竹淮山百合湯

　　腐竹就是豆腐皮，蛋白質含量高，很適合用來煲湯。這道湯品有豆漿的香濃口感，全家大小都很適合飲用。清熱暖胃，可以緩解秋燥氣候及菸酒過多所引起的咳嗽，也有助眠的作用喔！

材料

食材		乾料	
豬瘦肉	半斤	淮山	30 克
薑	2 片	百合	30 克
鹽	適量	新鮮腐竹	2 片
		陳皮	1 片

作法

① 豬瘦肉不切，整塊與薑片一同汆燙，去除血水後撈起備用。

② 腐竹可買新鮮腐竹或乾腐竹皆可，乾腐竹須先浸泡軟化，新鮮腐竹需先洗淨。

③ 將其他材料洗淨後，連同步驟 1、2 食材放入鍋內鋪平，加入 2500ml 的清水，以大火滾開後撈出渣沫，再蓋上鍋蓋以小火煲煮 2 小時後關火，開蓋加鹽調味即可享用。

霸王花無花果豬骨湯

　　霸王花是仙人掌科植物的花，將霸王花入湯，具清心潤肺、止咳化痰的效果。霸王花煲湯會有些許的膠質，味道清香、湯水甜滑，深受廣東人的喜愛，也是抗疫的好湯。

材料

食材

豬骨	半斤
豬瘦肉	半斤
薑	2 片
鹽	適量

乾料

霸王花	40 克
蜜棗	3 顆
無花果	6 顆

作法

① 將霸王花浸泡水中。

② 豬瘦肉不切，整塊與豬骨、薑片一同汆燙，去除血水後撈起備用。

③ 無花果洗淨，稍微剪開備用。

④ 將其他材料洗淨後，連同步驟 1、2、3 食材放入鍋內鋪平，加入 3000ml 的清水，以大火滾開後，蓋上鍋蓋以小火煲煮 3 小時後關火，開蓋加鹽調味即可享用。

紅蘿蔔枸杞雪梨湯

　　現在人的生活已經離不開電子產品，無法完全斷離就多喝這道明目護眼的煲湯吧！常飲用還可以保持肌膚透亮喔！

材 料

食材		乾料	
豬瘦肉	半斤	枸杞	20 克
紅蘿蔔	1 支	蜜棗	2 顆
水梨	1 顆		
薑	2 片		
鹽	適量		

作 法

① 豬瘦肉不切，整塊與薑片一同汆燙，去除血水後撈起備用。

② 紅蘿蔔洗淨，不去皮滾刀切塊。

③ 水梨洗淨，不去皮去蒂切塊。

④ 將其他材料洗淨後，連同步驟 1、2、3 食材放入鍋內鋪平，加入 3000ml 的清水，以大火滾開後，蓋上鍋蓋以小火煲煮 2 小時後關火，開蓋加鹽調味即可享用。

冬瓜綠豆響螺瘦肉湯

　　有口氣不好的問題嗎？試試這道清熱去濕、開胃健脾的湯品，很適合肝火較旺的人飲用喔！

　　響螺即是海螺的一種，也稱為香螺，有滋陰補腎、清肝潤肺之用。這道湯品我使用的是海味乾貨店採買的曬乾響螺片，大家也可購買新鮮海螺取代，煲煮時先將新鮮海螺洗淨汆燙後，再一同入煲即可。

材料

食材		乾料	
豬瘦肉	半斤	綠豆	50 克
冬瓜	1 片	響螺	1 片
蔥	1 支	陳皮	1 片
薑	2 片		
鹽	適量		

作法

① 豬瘦肉不切，整塊與薑片一同汆燙，去除血水後撈起備用。

② 響螺用水浸泡約 20～30 分鐘至軟。

③ 冬瓜不用削皮，洗淨後切大塊。

④ 將其他材料洗淨後，連同步驟 1、2、3 食材放入鍋內鋪平，加入 3000ml 的清水，以大火滾開後撈出渣沫，蓋上鍋蓋以小火煲煮 2.5 小時後關火，開蓋加鹽調味即可享用。

黑豆薏仁鴨湯

　　白頭髮越來越多、掉髮嚴重的人，尤其在冬季最易發生，可以多飲用這道湯品保養。以中醫角度來看，肝腎與頭髮有密切的關係，若要改善頭上煩惱，就需補腎氣。此湯有健脾養心、養腎血的食療效果，可滋潤秀髮、預防白髮。

材料

食材		乾料			
鴨肉	半隻	黑豆	50 克	桂圓	20 克
豬瘦肉	400 克	薏仁	30 克	玉竹	15 克
薑	1 塊	蓮子	30 克		
鹽	適量				

作法

① 鴨肉切大塊、豬瘦肉不切，與薑片一同汆燙，去除血水後撈起備用。

② 將其他材料洗淨後，連同步驟 1 食材放入鍋內鋪平，加入 3000ml 的清水，以大火滾開後撈出渣沫，蓋上鍋蓋以小火煲煮 2.5 小時後關火，再悶 20 分鐘，開蓋加鹽調味即可享用。

黑豆淮山海底椰雞湯

中醫認為，「腎藏精，其華在髮；肝藏血，髮為血之餘」，意思就是腎虛的人，就會有頭髮方面的問題，而氣血不足就易掉髮。這道湯品可以補腎養血，促進脾胃消化吸收，幫助養髮，讓頭髮烏黑、維持髮量。

材料

食材		乾料	
土雞	半隻	黑豆	50 克
豬瘦肉	400 克	淮山	30 克
薑	1 塊	桂圓	20 克
鹽	適量	枸杞	10 克
		海底椰	10 克

作法

① 豬瘦肉不切，整塊雞肉與薑片一同汆燙，去除血水、腥味後撈起備用。

② 海底椰用水浸泡約 20～30 分鐘至軟。

③ 將其他材料洗淨後，連同步驟 1、2 材料放入鍋內鋪平，加入 3000ml 的清水，以大火滾開後撈出渣沫，蓋上鍋蓋以小火煲煮 3 小時後關火，開蓋加鹽調味即可享用。

何首烏當歸桂圓雞湯

　　烏骨雞自古以來即享有「藥雞」之美譽，不僅能發揮極高的滋補藥用價值，還能讓湯頭味道更為鮮美。這道湯品特別加入了何首烏、黑棗等黑色食材，有助於補腎氣、抗衰老。冬天是養腎的季節，很適合在冷冷的寒冬中多飲用這道湯品補身。

材 料

食材		乾料			
烏骨雞	半隻	桂圓	20 克	枸杞	10 克
薑	1 塊	黨蔘	15 克	黃耆	10 克
鹽	適量	何首烏	10 克	黑棗	6～8 顆
		當歸	10 克		

作 法

① 將雞肉與薑片一同汆燙，去除血水後撈起備用。

② 將其他材料洗淨後，連同步驟 1 材料放入鍋內鋪平，加入 3000ml 的清水，以大火滾開後撈出渣沫，蓋上鍋蓋以小火煲煮 3 小時後關火，悶 5 分鐘後，開蓋加鹽調味即可享用。

小提醒：如果不喜歡枸杞的酸味，可於最後剩 20 分鐘再加入。

Chapter 6

跟著四季變化的
節氣煲湯

順應自然，吃當季原型食材，就是最好的養生

我推廣節氣飲食，因為它蘊含了老祖宗的智慧以及大自然的奧妙，從曾經不特別在意健康，直到發現健康的重要之時，我是非常認真與確切執行過幾種讓自己與家人變健康的方法，當我研究中醫醫學與學習氣功時，才領悟「健康」沒有那麼難，也沒有那麼貴，健康其實跟我們呼吸一樣自然簡單。我很認同老子說的「大道至簡」，將簡單擇食養生之道，融入日常生活中。

大自然的變化與我們身體的運作是息息相關的，身為自然界一份子的我們，如果忽略自然的運行與變化，我真的得說，你不懂生命的意義與價值，很可能無法掌控自己的健康，得承受生命無常的變化。

在古人智慧中，人的身體會隨著季節交替，春生、夏長、秋收、冬藏，而每個季節、每個節氣，都會有當季最適宜的食材與作息。食物如同養料，跟隨節氣搭配飲食，不僅能吃得營養，還能在唇齒間感受到四季變換的萬千氣象。

台灣地形狹長，緯度較低，跟古農民曆上記載的二十四節氣略有不同，但大道理都一樣，像台灣春天即是濕氣的開始，夏天最濕，而秋天雖燥，但因地形的緣故，北部氣候偶爾濕氣還是會犯，冬天的濕則是會入骨導致寒涼，所以一年四季受濕氣侵襲頗多，只要看懂天氣，其實你就看懂你的身體了！

聆聽身體的聲音，修正自己的行為，即是我的養生之道。而古人喝湯療法，是因為湯含豐富的氨基酸，煮湯的過程與溫度剛好可以將蛋白質分解成氨基酸，所以才有湯療易吸收的說法。接下來，就讓我跟大家分享我的季節煲湯養生吧！

Spring

消除春睏、遠離倦怠的
春季煲湯

　　春天，大地開始復甦，看似充滿生機，但春季也夾帶了梅雨季節，是雨水增加的開始，這時候往往不會感到精神抖擻，反而會欲振乏力，總是睡不飽、想賴床，我們稱為「春睏」。會有這種情況，是因為身體為了適應氣候而產生的生理性疲倦。

　　為了改善春季不適，可以多散步、做些和緩輕鬆的運動。飲食方面要清淡，甚至可以利用間接性斷食來調節身體。這時的菜餚非常適合用青蔥、洋蔥、韭菜和大蒜來調味，經常吃可以助暖驅寒、養肝排毒，並多利用湯品來調節身體。

　　中醫講五行，春天在五行中屬木，而人體的五臟之中肝也是屬木，因而春氣通肝。所以春季是肝病好發季節，但也是所有生物生氣盎然的季節，人的肝氣也開始旺盛，在養生方面就應重重排濁氣、降肝火、暢氣血，是調肝養肝的好時機。相對的，春季更加忌諱熬夜，容易加重肝臟負擔喔！故在湯品的設計上，會以養肝護肝為優先，並除去春睏與沈重的濕氣。

香菇韭菜護肝湯

　　韭菜有「春食則香，夏食則臭」的說法，因為初春的韭菜品質最好，夏天則是最差。春天的韭菜不僅最美味，還有益於肝臟，並增強脾胃之氣、祛陰散寒。

　　這款湯品散發出韭菜、香菇的香氣，湯頭清甜順口，有增進食欲的作用，不管對於大人小孩或是孕婦，都可作為立春的保健湯品。

材料

食材

豬瘦肉	半斤
白蘿蔔	1 條
冬菇	4～5 朵
韭菜	100 克
鹽	適量
芝麻油	少許

乾料

白胡椒粒	10 克
枸杞	10 克

作法

① 豬瘦肉不切，整塊以熱水汆燙，去除血水後撈起備用。

② 白蘿蔔不去皮，清洗乾淨後以滾刀切成大塊狀。

③ 冬菇泡水至軟並切對半；韭菜洗淨後切段。

④ 先將瘦肉、白蘿蔔、冬菇、白胡椒粒放入鍋內鋪平，加入 2000ml 的清水，以大火煲煮，滾開後蓋上鍋蓋轉小火再煲煮 1 小時，之後再加入韭菜與枸杞續煲 30 分鐘後，關火加鹽、少許芝麻油即可食用。

大黃瓜赤小豆祛濕湯

有些人在春天容易有腸胃不適的問題，如拉肚子或便祕。分享這道可祛濕、健脾胃的湯品，幫助大家改善春天腸胃問題。

此湯使用潤腸健胃的無花果、清熱祛濕的赤小豆、健脾益氣的白扁豆，清熱利水的大黃瓜，調和出層次豆香。

材料

食材		乾料	
豬排骨	約 1 斤	赤小豆	30 克
紅蘿蔔	1 支	白扁豆	30 克
大黃瓜	1 支	無花果	4 顆
鹽	適量	蜜棗	2 顆
		陳皮	1 片

作法

① 豬排骨以熱水汆燙，去除血水、腥味後撈起備用。

② 大黃瓜、紅蘿蔔不去皮，洗淨後以滾刀切成大塊狀。

③ 將所有乾料洗淨備用。

④ 將所有材料放入鍋內鋪平，加入 3000ml 的清水，大火滾開後撈掉渣沫，蓋上鍋蓋轉小火煲煮 2 小時後關火，再悶 20 分鐘後加鹽調味即可食用。

黑蒜黑米排骨湯

黑蒜頭是由一般蒜頭發酵製成的，少了原本蒜頭的辛辣味，香氣較為溫和，能使生大蒜頭本身的蛋白質轉化成人體每天所需的 18 種胺基酸，可被人體迅速吸收，且味道酸甜，無異味，增強了原有的保健功能。

此道湯品清甜可口，喝過的人都會愛上！可以清肝潤腸、滋陰補腎、利尿消腫，不論男女老少皆宜，煲這一鍋湯，就可以照顧全家人的健康。

材料

食材		乾料	
豬排骨	1 斤	枸杞	10 克
黑蒜頭	50 克	蜜棗	1 粒
乾香菇	5～6 朵	黑米	30 克
鹽	適量		

作法

① 豬排骨以熱水汆燙，去除血水、腥味後撈起備用。

② 乾香菇泡水約 20 分鐘；其餘食材洗淨備用。

③ 將全部材料放入鍋內鋪平，加入 2500ml 的清水，以大火滾開後撈出渣沫，蓋上鍋蓋以小火煲煮 2 小時後關火，再悶約 10～15 分鐘，開蓋加鹽即可享用。

Summer

預防中暑、去除體內熱氣的
夏季煲湯

　　你知道夏季是一年之中「減重」的最好時機嗎？因為四季中，夏季是最容易消耗身體能量的季節，炎熱的天氣，容易出汗、睡眠少、食慾減退、人體代謝加快，如再加上定時的運動，自然可以減重。但也因為炎熱夏季裡，很容易會貪喝冰涼飲料，造成體內寒涼，影響脾胃功能；很容易久待冷氣房裡，造成循環不良。也因為高溫高濕氣候，容易感到心浮氣躁且易怒。這些是因為心氣旺於夏，人們的不良生活習慣所致。

　　夏日的日常保養重點，除了避免吃太多冰冷及寒性食物，還要多食溫熱的食物，才不會讓體內和大自然溫度反差太大，使內臟因為冷熱交替而產生不適症狀，所以在夏天多喝湯，反而是很值得推薦的保養方式。

　　煲湯不只是餐桌上的一道料理，也很適合成為主食，特別推薦給斷食療法的朋友們搭配；甚至作為早餐，搭配日常的麵包饅頭，增加蛋白質與氨基酸的吸收，或是取代麵包饅頭的減醣飲食，營養好入口。而且煲湯方法簡單，幾乎無需廚藝，並可依造個人的營養需求，選擇適合的食材入湯，像是想要提高蛋白質攝取，就可以多加入肉類、海鮮、豆類等，想要多攝取一些澱粉提升飽足感，就可以選擇馬鈴薯、南瓜、地瓜等優質原型食物的澱粉。

夏季喝煲湯的好處很多，趁著夏天將身體陽氣養足，便可預防秋冬的寒病侵襲，還可以調理好臟腑功能，達到祛濕、清心降火、預防中暑。

冬瓜海帶鴨肉湯

　　鴨肉不只適合出現在冬天的薑母鴨中，更適合作為夏天裡的清補料理，通常會搭配上蓮藕、冬瓜等食材，不僅可享用到當季美味，同時又能消暑滋陽，達到和緩滋補效果。

　　這道煲湯以鴨肉搭配具有清熱利水的冬瓜與海帶，達到祛熱防暑、利水消腫、養胃補腎的食療效果，且大人小孩都可以食用。

材料

食材

鴨肉	半隻
（或鴨腿 1 隻）	
冬瓜	1 片
大蒜	1 大顆
薑	2 片
鹽	適量

乾料

枸杞	10 克
蜜棗	2 顆
陳皮	1 片
昆布	1 條

作法

① 鴨肉剁大塊，與薑片一同汆燙至滾，撈起備用。

② 冬瓜不去皮，洗淨後切成大塊狀。

③ 昆布泡在水中浸軟後，切片備用；其他乾料洗淨備用。

④ 將所有材料放入鍋內鋪平，加入 3000ml 的清水，以大火滾開後撈出渣沫，蓋上鍋蓋轉小火煲煮 3 小時後關火，再悶 20 分鐘後加鹽調味即可食用。

絲瓜蓮子消暑湯

　　絲瓜和蓮子是夏日季節食材，可以好好利用它們入湯。這道湯品還加入了珠貝和淡菜，帶入了海鮮的鮮味，在炎熱夏日裡食用這道湯品，可清熱解毒、消暑補水。

　　絲瓜有消暑利腸的效果，還能美白除皺，很常作為化妝水或是面膜的保養品成分。不管內食外用，絲瓜都能讓皮膚變得光滑細緻，是我個人很喜歡的食材，也很推薦給身邊愛美的女性朋友們。

材料

食材		乾料	
豬瘦肉	半斤	蓮子	30 克
絲瓜	1 條	珠貝	4～6 顆
淡菜	5～6 個		
薑	2 片		
蔥	1 小把		
鹽	適量		

作法

① 豬瘦肉不切，整塊以熱水氽燙，去除血水後撈起備用。

② 絲瓜洗淨後，去除粗皮並切成大塊。

③ 除了絲瓜外，其他全部材料洗淨後放入鍋內鋪平，加入 2500ml 的清水，以大火滾開後撈出渣沫，蓋上鍋蓋以小火煲煮 2 小時後，再加入絲瓜煲煮 30 分鐘，開蓋加鹽即可享用。

份數	3～4 人份	烹煮時間	3 小時 20 分	喝法	飯前以純喝湯水為主，飯中可與湯料共進

椰子雞湯

　　在台灣將椰子入湯雖然罕見，不過椰子雞湯可是中國廣東一帶很有名的湯品。

　　椰子雞湯味道清甜、香氣濃郁，生津利水不油膩，台灣夏季濕熱，來個清心下火的椰子雞湯絕對全家大小都喜愛。椰肉和椰汁中都含有豐富的蛋白質，有補腎健腦、補血養神、滋潤肌膚的食療作用。愛美的女人更不能錯過喔！

材料

食材

土雞	半隻
椰子	1 顆
薑	2 片
鹽	適量

乾料

蓮子	50 克
無花果	4 個

作法

① 將椰汁倒出備用，椰子外殼切除後，洗淨再切成薄片。

② 雞肉切大塊，與薑一同汆燙以去腥、去血水，撈起備用。

③ 將其他材料洗淨後，連同步驟 1、2 食材放入鍋內鋪平，加入 2500ml 的清水，大火滾開後蓋上鍋蓋轉小火煲煮 3 小時後關火，加鹽調味即可食用。

小提醒：如果食材分量較少時，水量也要適當減少一些，保留椰子汁的水分。

Autumn

滋潤肺部，不再乾咳的
秋季煲湯

　　秋季的氣候由熱轉寒，正如陽消陰長的過渡階段，故秋日養生離不開「收」、「養」的原則。而台灣的初秋還會有秋老虎的炎熱高溫，容易有口乾舌燥、皮膚乾癢、乾咳帶痰等不適症狀。

　　秋五行屬肺金，而「燥」為秋季的主氣，易傷肺，輕則乾咳少痰，重則便祕、皮膚搔癢。故煲湯滋陰養生同時，要順應秋季的飲食，切忌大補，最好是多食用水梨、秋葵等涼潤食材，或是適合秋季養肺的白果（又叫做銀杏果）。而中藥材方面，多會以麥冬、沙參、玉竹、百合、淮山、雪耳等入湯，益氣潤肺又不會過於滋補。

茯苓雪耳潤肺湯

　　雪耳即是白木耳，又稱為「窮人的燕窩」，有很好的滋潤作用，可以改善肺燥乾咳、胃腸燥熱、便祕等症狀。

　　這道湯品健脾養胃、溫補暖身，全家大小皆適宜喔！也可將其中的淮山改成新鮮的山藥，如使用山藥時，於最後二十分鐘再加入，讓山藥的營養可以完整保留。

材料

食材

豬瘦肉	半斤
紅蘿蔔	1 支
薑	2 片
鹽	適量

乾料

茯苓	40 克	南北杏	20 克
淮山	30 克	蜜棗	2 顆
芡實	30 克	雪耳	1 朵
蓮子	30 克		

作法

① 豬瘦肉不切，整塊以熱水汆燙，去除血水後撈起備用。

② 紅蘿蔔不去皮，洗淨後以滾刀切成大塊狀。

③ 雪耳洗淨後泡水至軟，去蒂切成小碎塊。

④ 將其他食材洗淨後，連同步驟 1、2、3 材料放入鍋裡鋪平，加入 2500ml 的清水，以大火滾開後撈出渣沫，再蓋上鍋蓋以小火煲煮 2 小時後關火，再悶約 20 分鐘，開蓋加鹽即可享用。

栗子白果補氣湯

栗子有豐富的維生素 C 及膳食纖維，不過碳水化合物含量高、熱量高，建議控制食用分量。以中醫角度來看，栗子有養胃健脾的效果，與養肺的銀杏搭配，讓湯水甜潤沒有苦味。

這道煲湯也可以用土雞取代烏骨雞。母雞可補養陰血，適合老人、產後虛弱的產婦及體弱多病者；而公雞可溫補陽氣，適合青壯年族群食用。

材料

食材		乾料	
烏骨雞	半隻	栗子	6～8 粒
（亦可用土雞取代）		銀杏	25 克
薑	2～3 片	紅棗	5～6 粒
鹽	適量	蜜棗	2 粒

作法

① 烏骨雞切大塊，與薑一同汆燙以去腥、去血水，撈起備用。

② 將其他食材洗淨後，連同步驟 1 材料放入鍋裡鋪平，加入 2500ml 的清水，以大火滾開後撈出渣沫，再蓋上鍋蓋以小火煲煮 1.5 小時後關火，再悶 15～20 分鐘，開蓋加鹽即可享用。

羅漢果水梨止咳湯

羅漢果可清熱潤肺、潤腸通便，其功效很多，所以又被譽為「神仙果」。市面上常見的羅漢果可分為傳統羅漢果和金羅漢果兩種，我個人偏愛金羅漢果的清甜，甘甜而不膩，且以低溫脫水的技術製作，使它比傳統羅漢果更能鎖住營養和維他命。

這款煲湯有止咳定喘、養胃生津、滋陰潤肺的食療作用。大人小孩都適宜喔！

材 料

食材		乾料	
豬瘦肉	半斤	南北杏	25 克
水梨	1 顆	羅漢果	1 顆
紅蘿蔔	1 支	無花果	4 粒
鹽	適量		

作 法

① 豬瘦肉不切，整塊以熱水汆燙，去除血水後撈起備用。

② 羅漢果洗淨後，稍微敲碎。

③ 水梨不去皮，洗淨後去芯去蒂切塊；紅蘿蔔不去皮，洗淨後以滾刀切成大塊狀。

④ 將其他材料洗淨後，連同步驟 1、2、3 食材放入鍋內鋪平，加入 2500ml 的清水，以大火滾開後，蓋上鍋蓋以小火煲煮 2 小時後關火，悶約 20 分鐘，開蓋加鹽即可享用。

Winter

暖身顧腎，抵禦寒冬的
冬季煲湯

　　相信很多人跟我一樣，對冬天又愛又恨，很難拿捏穿衣的薄厚，穿多了會不自在，穿少了容易入風寒。不過在冬天裡喝上一碗暖心暖胃的煲湯，絕對會讓人感到幸福滋味。

　　進入冬天，自然界的生物們也有明顯應變之道，植物會落葉與乾枯，許多動物也會進入冬眠，鳥類會飛到溫暖的地方過冬。因此冬季養生的基本原則就是「藏」，在中醫傳統的「冬不藏精，春必病溫」的理論中，意指如果能利用冬天好好的養護身體，到了春天陽氣升發之時就不易生病，因陽氣發源於腎，故護陽氣之關鍵在於補腎。

　　以煲湯來調整體質，鞏固抵抗力，加上順應大自然調息的作息方式與情緒管理，便能照顧好身體這個小自然小宇宙。

淮山黑豆烏髮湯

　　黑豆，含豐富的蛋白質、礦物質以及微量元素，而且《本草綱目》中有記載：「常食黑豆，可百病不生」，就知道黑豆是多麼有益身體的食材了。

　　冬季會進入容易掉髮及出現白髮的節氣，故調養腎氣與氣血更為重要，這道湯品有補腎烏髮、補氣血、強筋骨、健脾胃的食療作用，喝起來清潤又甘甜，好喝又健康，建議大家一定要品嘗看看！

材料

食材		乾料	
豬排骨	約 1 斤	黑豆	30 克
鹽	適量	薏仁	30 克
		淮山	30 克
		陳皮	1 片
		蜜棗	2 粒
		紅棗	5～6 顆

作法

① 豬排骨以熱水氽燙，去除血水、腥味後撈起備用。

② 將陳皮浸泡水中 20 分鐘，泡軟後切成絲狀。

③ 將其他材料洗淨後，連同步驟 1、2 食材放入鍋內鋪平，加入 2000ml 的清水，以大火滾開後撈出渣沫，再蓋上鍋蓋以小火煲煮 2 小時後關火，開蓋加鹽即可享用。

份數	3～4人份	烹煮時間	3小時10分鐘	喝法	飯前以純喝湯水主，飯中可與湯料共進

竹笙核桃牛肉湯

冬天因為寒冷大家都懶得動，抵抗力也容易變差，很需要適時滋補元氣。這道湯品主要以核桃、牛肉、竹笙等食材入煲，有滋補健身、補氣顧腎、滋陰助陽的食療作用，非常適合在冬季食用。

材料

食材		乾料	
牛腩或牛腱	約1斤	核桃	40克
蘋果	1顆	淮山	30克
薑	2片	竹笙	10克
鹽	適量	無花果	4粒
		蜜棗	2粒

作法

① 牛肉切大塊，與薑一同汆燙以去腥、去血水，撈起備用。

② 竹笙洗淨，泡在水中浸軟。

③ 蘋果不去皮，洗淨後去芯去蒂切大塊。

④ 將其他材料洗淨後，連同步驟1、2、3食材放入鍋內鋪平，加入2500ml的清水，以大火滾開後撈出渣沫，再蓋上鍋蓋以小火煲煮1.5小時後關火，再悶約20分鐘，開蓋加鹽即可。

葛根桂圓豬骨湯

　　這道湯品加入了可增強免疫功能的黃耆，還有藥用價值高的葛根。冬季老人容易有心血管問題，葛根對於高血壓與心腦血管疾病有預防的作用。

　　此湯不但能養顏護膚，還有祛脂降壓的食療作用，是男女老幼都適合的禦寒湯品喔！

材料

食材

豬脊骨	約 1 斤
薑	2 片
鹽	適量

乾料

葛根	15 克
桂圓	15 克
黃耆	10 克
枸杞	10 克
黨蔘	10 克
紅棗	5～6 顆

作法

① 豬脊骨與薑一同汆燙，以去腥、去血水，撈起備用。

② 將其他材料洗淨後，連同步驟 1 食材放入鍋內鋪平，加入 2500ml 的清水，以大火滾開後撈出渣沫，再蓋上鍋蓋以小火煲煮 2 小時後關火，開蓋加鹽即可享用。

Chapter 7

快速上桌的
美味湯料理

忙碌時，更要好好吃飯，用天然食材撫慰疲憊的身心

我認識了三個香港乾媽後，才知道香港幾乎老人家只要一有空，就會花上一整天煲上一鍋老火靚湯，讓兒孫們回家後可以馬上享用，滋潤身心，一碗湯中盛載了對家人濃濃的關愛。

正宗廣式煲湯使用的是陶鍋或砂鍋，需蓋上鍋蓋燉煮 2 小時以上，才能稱之為煲湯。煲煮時食材一定要與清水一同入鍋，才能鎖住原型食物的營養，煲出食物自然的味道。

而台灣煮湯的方式比較像是「滾湯」，水煮沸立即下食材，熟了即可享用，主要以調味料來帶出湯的味道，優點是可快速上桌。

如果你問我哪種料理湯的方式比較好？我覺得凡事都是一體兩面，沒有絕對的好壞之分，而是要看每個人的需求與喜好。只是如何讓湯湯水水變成美味又健康的飲食，需要用心觀照自己，懂得聆聽身體的需求、視四季變化而調理，了解這些順應自然的道理，調配出健康美味的湯品。煲湯也需要經驗值，用心期待每鍋湯都會帶來驚喜。

在這一個單元裡，收錄了一些我以前四處旅行時品嘗到的驚豔美味，簡單易料理，想來點熱呼呼的湯品時，可以立即烹煮享用。

菠菜雞蛋暖胃湯

　　這道湯品不僅食材簡單、料理快速、口感滑順,是大人小孩都會喜歡的家庭速湯。

　　如果另一半應酬喝酒或宿醉時,可以煮這道湯幫他快速暖胃解酒。天氣冷時,我也喜歡馬上煮一鍋,喝下之後身體會馬上暖活了。

材料

食材		乾料		調味	
菠菜	400 克	紅棗	3 個	芝麻油	少許
雞蛋	2～3 個			鹽	適量
生薑	3 片				

作法

① 將菠菜洗淨切大段。

② 在湯鍋裡加入 2500～3000ml 的清水（約 5 碗量）,放入薑、紅棗,以大火滾沸後,再放入菠菜,待菠菜軟化煮熟後打入拌勻的雞蛋,等蛋液成形再撒入鹽和少許芝麻油即可享用。

台式吻仔魚蔬菜羹

　　曾經到台中的梧棲漁港喝到這湯品，味道清爽又鮮美，湯裡吻仔魚的鮮味與營養，喝下肚立刻覺得幸福滿滿，立刻收到自己的湯料理菜單中。

　　我個人很喜歡吻仔魚，不論用來做菜、涼拌、煎蛋、熬粥、做湯都很適合。最為人知的，就是它含有大量的鈣質，可以預防骨質疏鬆，以中醫角度來看，吻仔魚能健脾益氣和除濕。就連日本人也很喜愛吻仔魚，還稱牠為美容魚呢！

材料

食材		調味	
吻仔魚	75 克	魚露	少許
莧菜	600 克	鹽	適量
雞蛋	2 顆	白胡椒粉	少許
薑絲	適量	藕粉	適量
		香油	少許

作法

① 吻仔魚沖洗乾淨後瀝乾備用。

② 莧菜洗淨後，切成小段，粗梗部分撕除表層粗絲。

③ 將蛋黃、蛋白分離。這道料理只會用到蛋白，蛋黃可以另做其他料理。

④ 起油鍋，放入吻仔魚、薑絲、魚露拌炒出香味後盛起備用。

⑤ 將藕粉加入適量水調和。

⑥ 在湯鍋裡加入 2000ml 的清水以大火煮滾後，再放入步驟 4 的吻仔魚和莧菜，蓋上鍋蓋轉中小火煮約三分鐘，待莧菜變軟後，倒入步驟 5 的藕粉攪拌勾芡，再加入鹽、香油、白胡椒粉調味，最後再加入步驟 3 的蛋白，攪拌至均勻即可起鍋享用。

份數	3～4 人份	烹煮時間	1 小時 40 分鐘	喝法	可作為正餐或宵夜

日式牛奶蔬菜湯

　　這是我在日本大阪傳統和食餐廳喝到的湯品。傳統的日本料理以米飯為主食，再配上魚肉、蔬菜、醬菜與湯品。

　　記得當天是個涼爽的秋夜，在一家服務生都穿著和服及充滿傳統儀式感的餐廳。

　　我很堅持飯前先喝湯，在外用餐一定先點湯，當時是一鍋香味濃厚的湯品，湯面上擺滿豐富的蔬菜，從視覺看上去，就讓人感到幸福洋溢，甚至有家的味道。等不及先嚐了湯頭後，立刻請另一半用日語幫我詢問作法，也將這道湯分享給大家。

材 料

食材

豬瘦肉	半斤	香菇	5～6 朵
雞骨架	2 個	豆芽菜	50 克
昆布	1 條	娃娃菜	50 克
洋蔥	半顆	牛奶	250ml
豆腐	1 塊		

調味

味噌	2 大匙
鹽	適量

作 法

① 豬瘦肉不切，和雞骨架一起以熱水汆燙，去除血水後撈起備用。

② 豆芽菜與娃娃菜清洗乾淨；分別將香菇、昆布沖洗並泡水軟化；洋蔥洗淨切成長條狀；豆腐切塊備用。

③ 味噌加入溫熱水攪拌均勻備用。

④ 將豬瘦肉、雞骨架、昆布、香菇、洋蔥、豆腐放入鍋內鋪平，加入 3000ml 的清水，以大火煲煮至滾，再加入步驟 3 的味噌，續滾五分鐘後蓋上鍋蓋轉小火煲煮一小時，再加入豆芽菜與娃娃菜煮 20 分鐘後，開蓋加入牛奶，轉中火至微滾即可加鹽調味。

義大利蔬菜湯

　　這道湯品是在義大利佛羅倫斯雅諾河畔邊的露台上所品嘗到的。那次我們到義大利出差，順道拜訪了朋友。朋友太太是道地義大利人，宴請我們夫妻到家裡晚餐，當晚她做了我們最愛的義大利餃子，品著白酒、配著乾酪生火腿，簡直人間美味。

　　這時他們端上義大利稱為「雜菜冷湯」的料理，看上去有各種顏色的蔬菜，蔬菜上浮著一顆溫泉蛋，義大利太太將蛋弄破後再遞給我們。一口喝下，喝得到蔬果的香氣與酸甜，融入些許蛋液讓口感變得飽滿，Bravo！

　　歐美國家的湯品都是冷湯居多，對他們而言，冷湯喝起來才會順口又開胃，這與他們的氣候與體質有關，入境隨俗的我，多認識了一種飲食文化，這也發現湯水不那麼熱滾滾時，更能品嘗出口感與層次，大家也可以試試看。

材料

食材

洋蔥	半顆	小番茄	8～10顆
紅蘿蔔	1條	黑葉菜	1小把
白蘿蔔	半條	蒜頭	1～2顆
櫛瓜	1條	豌豆	1把
花椰菜	1朵	雞蛋	1顆

調味

橄欖油	適量
雞高湯	100ml
鹽	適量

作法

① 將洋蔥、紅蘿蔔、白蘿蔔切小丁；櫛瓜切片；花椰菜切小朵；小番茄切對半，黑葉菜手折對半備用。

② 在湯鍋裡加入許橄欖油，熱油後加入1～2顆蒜頭煸出蒜香，再加入洋蔥、紅蘿蔔、白蘿蔔、豌豆拌炒出香氣。

③ 接著加入2500～3000ml的清水，再加入黑葉菜與花椰菜，用大火煲煮至滾，再用湯勺盛雞高湯，並將整顆雞蛋打入湯勺裡，平放於湯面上煮至蛋熟的程度像溫泉蛋一般，將蛋倒入湯鍋，加鹽即可享用。

後記
願煲湯能走入每個家庭
帶來幸福與健康

　　從搬到香港居住開始，也開啟了我的煲湯人生，除了煮湯的方式改變，對於食物的認識、飲食的習慣也漸漸改變。這是受到三位香港乾媽的影響外，也深受廣東人的飲食文化所感染，煲湯讓我對食物產生興趣與共鳴，讓我了解古人的智慧，讓我懂得惜福的重要。

　　與老公在香港一起創業時，我們打造的第一個品牌名稱是「Better Life」，我們一直是秉持著「珍惜擁有，活在當下，共創更美好的生活」這樣的理念去面對人生，其實對一個當時不是很有自信的我，很難做到，因為我對任何事都抱著懷疑及不敢相信的態度去面對，可是，好幾次我發現，好像困難就也這樣過了，似乎沒有我想的那麼複雜，任何事到我老公手裡，也都迎刃而解。他總教我說：「只要是錢可以解決的事，都不是事！」、「想到卻不去實踐是最要不得的事！」、「這世上沒有什麼事是大不了的，沒必要什麼事都大驚小怪，那絕對成不了事！」我就這樣被他薰陶了幾年，開始發現人生是多麼的美好，我想做什麼就去做，不要遺憾才是！於是我也找到了自信。與他生活的那幾年，很快樂、也很知足，更感謝他帶我進入香港這個小小國際世界，看到不一樣的人生，學習不同的工作領域，品味到各式各樣的滋味，就像煲湯一樣，隨著季節的變化，湯水的味道總是一再地融化著我，這樣的生活很

多采多姿。

　　大概就是太幸福了，老天爺妒忌了，把我的精神領袖般的老公帶走了，同時開啟了我的省思之路。我總是想，這麼棒的一個人怎麼會是他走先，怎麼不是我？平時頭好壯壯又懂生活的他，怎麼重病會出現在他身上？我和他比起來，我浪費的日子多得多，他對社會更有貢獻，為何老天爺要帶他走？就這樣，在學習自己過日子的時候，這幾年漸漸得到解答。

　　首先我要感謝我的氣功老師，幫助我度過人生最痛最難熬的時候，因為有他的氣功帶領，讓我領悟到生與死，其實離開的人一點都不難過，因為他們解脫了「難過」是留下來的人要面對的課題，也是老天爺再次給你的「機會」。每個人一生際遇不同，但不是大家都能擁有機會，或者懂得珍惜機會。當我開始回歸自己的生活時，才慢慢體悟上天一直給我機會，所以我並不可憐、也不辛苦。苦的是自怨自艾的人，難的是自己看不開。也感謝老公帶給我所有的點點滴滴，因為那些回憶都是化成我往前走的動力，也是活著的勇氣，這才領悟：人不在，但愛會長存。

　　謝謝他把我照顧得那麼好，回到自己生活時，才發現以前的我像個仙女在天上飛，除了工作讓我常搭飛機外，他也常帶我到世界各地探險，探索各種文化與美食，造就現在自信的我。他不在了，後來才發現，原來生活中有很多勞動活與苦他都幫我承受了，以前的我根本不知人間疾苦。他走了，我才明白上天給我另一扇窗，要我懂得珍惜我的過去；因為他，我認識了「健康」；因為他，我學習照顧人；因為他，造就更堅強、更具能量的我，做個可以照顧好自己與家人是我的使命，所以我努力繼續生活著。嚐盡生活百態，不允許自己有消極的態度，因為我要給我的女兒做好榜樣，也不辜負他用生命換來現在的我。

感謝我的女兒，我這輩子最大的幸福就是擁有她，謝謝女兒的陪伴與乖巧，她的獨立讓我可以勇敢去追尋我要的生活。如今，我又再度遇到值得我愛的人，我非常感謝上天的安排，他的細心與敏銳，給予我生活上的支持與照顧，也幫助我在事業上不斷修正，即使我也曾氣餒過，只有他對我說：妳是對的！對的事就要一直做下去，不要做讓自己後悔的事。也只有他，不管遇見任何人，都可以把我的煲湯事業講得頭頭是道，比我還了解我的專業似的。我也從他身上學會「自律」，規律的生活與飲食是他堅持地陪伴著，是他教會我重返地上行走，腳踏實地的創造屬於自己的機會，而不是靠別人給的愛與運氣，遇見他，讓我再度有活過的感覺。

　　這一路走來，我發現都是上天給我的諸多機會造就現在的我，唯一不變的，就是我的煲湯人生。以前是為了家人煲湯，現在除了讓家人因煲湯擁有健康的幸福感外，我更想要將煲湯傳到每個家庭裡，讓家擁有溫暖與幸福的味道，把生活變得有滋有味，因為這是我嚐到「Better Life」的美好，希望我身邊的人都不要有遺憾，更不要拒絕會跟你說「愛」與「健康」的人！

　　煲湯的特色在於多樣性，很值得我們去細細品味，從中會得到身體的回饋，會得到溫暖的感覺，會得到幸福的相伴。你會感受到成就的滿足，也會得到最真的愛。而食材的奧妙與我們的健康息息相關，既然病從口入，相信健康也可以是吃出來的，煲湯是料理絕活中最簡單的一門。我將我的愛化作煲湯來與你相會，希望看到我的書、品嚐我的煲湯的人，都可以感受到我這愛與溫暖交織的心。

　　最後我要謝謝「煲湯」，不管在哪裡，煲湯還是會日常的繼續下去，謝謝你保護了我的日常，我愛煲湯，它給我的幸福希望你也可以感受得到。

節氣飲食、食療養生
為自己與家人煲湯

「Lowlee煲湯」為Lowlee老師的自創品牌，
想藉由湯品傳達「珍惜擁有健康的幸福」與「愛自己的重要」！

1. **結合原型食物×養生漢方**
   結合大自然原型食物與養生漢方的運用，提供「真」的味道，
   推廣「節氣飲食、食療養生」的新生活態度。

2. **用湯改變家的溫度**
   一碗煲湯可以滋潤自己、融化他人，
   讓煲湯走入生活中，改變家的溫度與味道！

3. **用愛為自己煲湯**
   倡導「以愛來保護人生」為品牌精神，
   打造「一鍋湯煲護自己與全家人的健康」。

| 實體店面 | 以湯會友，分享一碗煲湯的形成。

歡迎來到湯覺館品嘗Lowlee老師的用心：

· 煲湯料理：依照季節變換湯品、餐食、養生鍋物。
· 節氣講堂：學習聽從身體需求、順應四季的煲湯飲食。
· 材料湯包：提供煲湯食材乾貨、冷凍即食湯包。
· 客製化調理：Lowlee老師親自調理諮詢。

湯覺館
地址：新竹縣竹北市嘉興路501號　預約與諮詢：03-6577443　Line：@lowleesoup

網路商城
歡迎進入「Lowlee煲湯」官網，體驗為自己煲湯，輕鬆讓煲湯融入生活日常。
加入官網、成為湯友，還可不定期享受獨家優惠活動與煲湯特別禮遇喔！

官網
www.lowleesoup.com

HealthTree 健康樹 健康樹 154

原型食物煲湯料理
發揮食物營養力，元氣顯瘦、滋養身心的 53 道溫暖湯品

作　　　者	Lowlee
攝　　　影	力馬亞文化創意社
總 編 輯	何玉美
主　　　編	紀欣怡
編　　　輯	盧欣平
封 面 設 計	張天薪
版 面 設 計	theBAND · 變設計— Ada

出 版 發 行	采實文化事業股份有限公司
行 銷 企 劃	陳佩宜 · 黃于庭 · 馮羿勳 · 蔡雨庭 · 陳豫萱
業 務 發 行	張世明 · 林踏欣 · 林坤蓉 · 王貞玉 · 張惠屏
國 際 版 權	王俐雯 · 林冠妤
印 務 採 購	曾玉霞
會 計 行 政	王雅蕙 · 李韶婉
法 律 顧 問	第一國際法律事務所　余淑杏律師
電 子 信 箱	acme@acmebook.com.tw
采 實 官 網	http://www.acmebook.com.tw
采 實 臉 書	http://www.facebook.com/acmebook01

Ｉ Ｓ Ｂ Ｎ	978-986-507-260-5
定　　　價	380 元
初 版 一 刷	2021 年 2 月
初 版 三 刷	2023 年 12 月
劃 撥 帳 號	50148859
劃 撥 戶 名	采實文化事業股份有限公司
	104 台北市中山區南京東路二段 95 號 9 樓
	電話：(02)2511-9798
	傳真：(02)2571-3298

國家圖書館出版品預行編目資料

原型食物煲湯料理：發揮食物營養力，
元氣顯瘦、滋養身心的 53 道溫暖湯品 /
Lowlee 著 . -- 初版 . -- 臺北市：
采實文化事業股份有限公司 , 2021.02
192 面；17×23 公分 . -- (健康樹；154)
ISBN 978-986-507-260-5(平裝)

1. 食譜 2. 湯

427.1　　　　　　　　　　　109020871

采實出版集團
ACME PUBLISHING GROUP